EMV der Funkkommunikation in einer Flugzeugkabine

Vom Promotionsausschuss der

Technischen Universität Hamburg-Harburg

zur Erlangung des akademischen Grades

Doktor-Ingenieur (Dr.-Ing.)

genehmigte Dissertation

von

Dipl.-Ing. Tobias Dyballa

aus

Hamburg

2013

Bibliografische Information der Deutschen Nationalbibliothek
Die Deutsche Nationalbibliothek verzeichnet diese Publikation in der Deutschen Nationalbibliografie; detaillierte bibliografische Daten sind im Internet über http://dnb.d-nb.de abrufbar.

1. Aufl. - Göttingen : Cuvillier, 2013
   Zugl.: (TU) Hamburg-Harburg, Univ., Diss., 2013

   978-3-95404-535-8

Vorsitzender des Prüfungsausschusses: Prof. Dr. Ralf God

1. Gutachter: Prof. Dr.-Ing. Dr.-Ing. E. h. Jan Luiken ter Haseborg

2. Gutachter: Prof. Dr. rer. nat. habil. Frank Gronwald

Tag der mündlichen Prüfung: 24.06.2013

Nonnenstieg 8, 37075 Göttingen
Telefon: 0551-54724-0
Telefax: 0551-54724-21
www.cuvillier.de

1. Auflage, 2013
Gedruckt auf umweltfreundlichem, säurefreiem Papier aus nachhaltiger Forstwirtschaft.

978-3-95404-535-8

Danksagung

Die hier vorliegende Arbeit entstand während meiner Tätigkeit als wissenschaftlicher Mitarbeiter am Institut für Messtechnik und EMV an der Technischen Universität Hamburg-Harburg. Gerne möchte ich die Gelegenheit ergreifen und mich bei den Personen, die mich insbesondere während der Entstehung dieser Arbeit unterstützt haben, bedanken. Mein Dank gilt zunächst Prof. Dr.-Ing. Dr.-Ing. E. h. Jan Luiken ter Haseborg. Er hat als Doktorvater die Betreuung meiner Arbeit übernommen und mich stets in meinen Vorhaben unterstützt und gefördert. Ich danke Prof. Dr. rer. nat. habil. Frank Gronwald für die Übernahme der Verbindlichkeiten als zweiter Gutachter. Prof. Dr. Ralf God gilt mein Dank für die Übernahme des Vorsitzes im Prüfungsausschuss. Für die gute Zusammenarbeit während der Projektphase möchte ich den Kollegen von Airbus danken, ins Besondere Dr. Robert Kebel und Dr. Thiemo Stadler. Für die gute Unterstützung und das Schaffen einer produktiven Arbeitsatmosphäre danke ich meinen Kollegen und Freunden am Institut, namentlich Christian Klünder, Kai Haake, Roland Krzikalla, Tobias Pilsak, Helge Fielitz, Hendrik Fischer, Jörn Frank und ganz besonders Florian Brauer. Gemeinsam haben wir Studium und Promotion gemeistert. Weiter möchte ich mich bei all den Studenten bedanken, die mich im Rahmen ihrer Studien- und Diplomarbeiten oder als studentische Hilfskraft bei meinen Bemühungen tatkräftig unterstützt haben.

Ganz besonderer Dank gilt meiner Familie, die mich stets vorbildlich unterstützt hat. Zu nennen sind hier zunächst meine Eltern, die immer hinter mir standen und noch heute stehen und mich in meinen Vorhaben tatkräftig unterstützen. Ich danke meinen beiden wunderbaren Kindern Niklas und Leonie, die mir immer wieder Kraft geben und mein Leben um so vieles reicher machen. Zu guter Letzt danke ich meiner geliebten Frau Nadine, die so viele Abende auf mich verzichten musste, wenn ich an der Dissertation weiter gearbeitet habe. Du gibst mir sehr viel Kraft und Liebe, ich danke Dir von ganzem Herzen.

Kurzfassung

Das Versagen der Flugzeugelektronik kann verheerende Folgen haben. Um die Sicherheit eines Flugzeuges zu gewähren, ist es unbedingt nötig, die elektromagnetische Verträglichkeit der Flugzeugelektronik sicherzustellen. Mobile elektronische Geräte, die aus dem Alltag nicht mehr wegzudenken sind, stellen eine mögliche Störquelle für die Flugzeugelektronik dar. Viele dieser Geräte sind mit einem oder mehreren Funkdiensten ausgestattet, die drahtlose Datenübertragungen ermöglichen. Technisch ist es bereits möglich, funkbasierte Datendienste wie GSM[1] oder WLAN[2] auch während eines Fluges im Flugzeug anzubieten. Dabei spielt die Sicherstellung der elektromagnetischen Verträglichkeit der Mobilfunkgeräte mit den Flugzeugsystemen eine entscheidende Rolle.

Die Flugzeugkabine stellt hinsichtlich der elektromagnetischen Wellenausbreitung ein sehr komplexes System dar. Durch multiple Reflexionen der von den Mobilfunkgeräten abgestrahlten Wellen kommt es zu Überlagerungen der einzelnen Teilwellen, durch eine konstruktive Überlagerung kommt es zu Feldstärkeüberhöhungen. Der Kabinenausbau und die sich in der Kabine aufhaltenden Personen wirken dämpfend auf die sich ausbreitenden Wellen. Um diese komplexe Umgebung bewerten zu können, wird in einer Flugzeugkabine die Feldverteilung mit hoher Ortsauflösung aufgenommen und in Relation zu Freifeldbedingungen gesetzt. Dadurch ist eine Bewertung der Ausbreitungsbedingungen und der daraus resultierenden Störbeaufschlagung der Flugzeugsysteme möglich.

Ziel dieser Arbeit ist es, die feldgebundene Störbeaufschlagung verschiedener Systeme messtechnisch zu untersuchen und zu bewerten. Hierzu werden diverse Einkoppelszenarien detailliert analysiert. Da sich die zu prüfenden Flugzeugsysteme sowohl im Nah- als auch im Fernfeld der potentiellen Störquellen befinden können, liegt ein besonderes Augenmerk auf der Störbeaufschlagung in den verschiedenen Regionen einer Antenne. Gerade die Störbeaufschlagung eines Prüflings im Nahfeld einer Antenne ist mit Schwierigkeiten verbunden. Um bei der stattfindenden Wechselwirkung von Antenne und Prüfling reproduzierbare Ergebnisse zu erzielen, wird in dieser Arbeit eine normgerechte Prüfvorschrift analysiert und gezeigt, dass die Prüfung unter realen Bedingungen nicht wie in der Norm vorgegeben möglich ist. Mögliche Optimierungen werden aufgezeigt.

---

[1] GSM: Global System for Mobile Communications, ein digitaler Mobilfunkstandard

[2] WLAN: Wireless Local Area Network, ein lokales Funknetz

Inhaltsverzeichnis

1 Einleitung

Elektronische Geräte sind aus der heutigen Zeit nicht mehr wegzudenken und spielen im täglichen Leben eine zentrale Rolle. Durch die stetig steigende Anzahl elektronischer Geräte, die wachsende Packungsdichte der einzelnen Komponenten, die sinkenden Spannungslevel und immer hochfrequenteren Datenübertragungen steigt die Gefahr einer elektromagnetischen Beeinflussung dieser Geräte untereinander. Es ist daher zwingend erforderlich, die EMV[3] dieser Produkte sicherzustellen. Eine Vielzahl von unterschiedlichen Geräten nutzt Funktechnologien, um Daten auszutauschen, wobei bewusst elektromagnetische Wellen abgestrahlt werden. Diese Signale werden nicht nur von dem Empfänger einer Funkverbindung empfangen, sondern können auch in andere Systeme einkoppeln. Gerade in einer Flugzeugkabine kann es aufgrund der hohen Anzahl potentieller Störquellen auf engem Raum zu Problemen mit sicherheitskritischen Systemen des Flugzeugs kommen.

Die ständige Verfügbarkeit von Informationen jeglicher Art und die Möglichkeit, durchgehend erreichbar zu sein und im Gegenzug auch andere erreichen zu können, ist für viele Menschen zu einem sehr wichtigen Gut geworden. Durch die ständig fortschreitende Entwicklung im Bereich der mobilen Kommunikation, sprachgebunden oder über das Internet, eröffnen sich dem Nutzer viele Möglichkeiten. Neben leitungsgebundenen Übertragungswegen wie dem (analogen) Telefonanschluss, der ISDN[4]-Leitung oder dem kabelgebunden Breitbandinternet (DSL[5]) gewinnen funkbasierte Übertragungsverfahren zunehmend an Bedeutung. Sind die ersten Generationen von Mobiltelefonen noch unhandlich und extrem teuer gewesen, genießen die sogenannten Smartphones, Mobiltelefone mit vielfältigen Sonderfunktionen wie dem Zugang zu Internetseiten, E-Mails und automatisch synchronisierten Kalendern, heute eine weite Verbreitung.

Durch die massenhafte Verbreitung mobiler elektronischer Geräte und die ständig sinkenden Kosten zum Zugang von Informationsquellen ist es möglich, an nahezu jedem Ort dieser Erde

---

[3] EMV: Elektromagnetische Verträglichkeit, beschreibt die oft ungewollte wechselseitige Beeinflussung elektrischer Geräte über elektrische oder elektromagnetische Effekte

[4] ISDN: Integrated Services Digital Network, ein internationaler Standard für ein digitales Telekommunikationsnetz

[5] DSL: Digital Subscriber Line, ein Übertragungsstandard der Bitübertragungsschicht für Datenübertragungen über Kupferleitungen

rund um die Uhr Zugriff auf seine E-Mails, das Internet, Firmendatenbanken, etc. zu erhalten sowie über Telefon und Mobilfunk mit anderen Menschen in Verbindung zu bleiben. Die mobile Kommunikation erfolgt meistens drahtlos über verschiedene Funkdienste, die sich unter anderem in Betriebsfrequenz, Modulationsverfahren, Sendeleistung sowie Reichweite und Datenrate unterscheiden. Auch die Computertechnik unterliegt einem raschen Fortschritt. Note- und Netbooks werden immer kleiner, leistungsfähiger und lassen sich längere Zeit ohne Stromanschluss zu betreiben. Auch hier gibt es den Bedarf, immer und überall Zugang zu den verschiedensten Informationsquellen zu erhalten.

Die gebräuchlichsten Verfahren zur kabellosen Datenübertragung sind WLAN sowie GSM / UMTS[6]. Diese Funkdienste lassen sich auch innerhalb einer Flugzeugkabine realisieren und ermöglichen über eine Satellitenverbindung den Zugriff auf das weltweite Datennetz. Diese Datenübertragungsverfahren beruhen auf Funkverbindungen, es wird bewusst elektromagnetische Energie abgestrahlt und empfangen. Die abgestrahlte Energie koppelt dabei nicht nur in die Empfangsantenne ein, sondern auch in beliebige sich in der Umgebung befindende Systeme. Diese unbeabsichtigt beaufschlagten Systeme dürfen durch die Einkopplung nicht beeinträchtigt werden.

Die vorliegende Arbeit stellt Möglichkeiten dar, wie der störungsfreie Betrieb der Bordelektronik auch während des Betriebes von Mobilfunkgeräten (TPEDs[7]) sichergestellt werden kann.

1.1 Problemstellung

Es gibt einen stetig wachsenden Bedarf, jederzeit Zugang zu verschiedenen Kommunikations- und Datendiensten zu haben. Am Boden gibt es eine sehr gute Abdeckung für mobile Endgeräte über die GSM- und UMTS-Netze. Zudem ist es möglich, über sogenannte Hotspots über WLAN-Verbindungen mobile Datenverbindungen aufzubauen. In dicht besiedelten Gebieten kann so der Bedarf an mobiler Kommunikation in der Regel bedient werden.

---

[6] UMTS: Universal Mobile Telecommunications System, ein Mobilfunkstandard mit höheren Datenraten als GSM

[7] TPED: Transmitting Portable Electronic Devices, elektronisches Handgerät mit Sendefunktion

Gerade während eines Langstreckenfluges, etwa von Europa nach Amerika, befindet sich das Flugzeug die meiste Zeit außerhalb der Reichweite von Mobilfunknetzen. Insbesondere während der langen Flugzeit besteht aber ein Bedarf, das Internet zu nutzen, um zum Beispiel E-Mails zu schreiben oder Nachrichten zu lesen. Technisch möglich ist dies beispielsweise über einen WLAN-Accesspoint, der an Bord betrieben wird und über eine Satellitenverbindung, die Daten zu Basisstationen auf der Erde schickt.

Die Nutzung von GSM-basierten Diensten ist zwar theoretisch beim Überfliegen von entsprechend ausgebauten Gebieten möglich, jedoch ist die zu erwartende Verbindungsqualität sehr gering, da die Flugzeuge sich wesentlich schneller über die Mobilfunkmasten bewegen als die in der Spezifikation für GSM vorgesehenen 250 km/h. Zudem sind die Netzbetreiber daran interessiert, Verbindungen zwischen Mobiltelefonen im Flugzeug und terrestrischen Basisstationen zu unterbinden, da diese Mobiltelefone hindernisfreie Sichtverbindungen zu weit entfernten Basisstationen haben und sich so auch mit Basisstationen verbinden können, zu denen auf dem Boden kein Kontakt bestehen würde, was zu Störungen in den terrestrischen Netzen führen kann. Abhilfe kann hier eine in das Flugzeug integrierte Basisstation schaffen, die Verbindungen zu terrestrischen Stationen unterbindet und die Gespräche und Daten über eine Satellitenverbindung weiterleitet.

Die technischen Voraussetzungen für die mobile Kommunikation auch während eines Fluges sind gegeben. Da die Sicherheit gerade in der Luftfahrt einen sehr hohen Stellenwert einnimmt, stellt die Funkkommunikation in der Kabine eine besondere Herausforderung dar. Die EMV der Flugzeugelektronik mit den TPEDs muss gewahrt werden und im Vorwege am Boden durch geeignete Maßnahmen nachgewiesen werden. Um diesen Nachweis erbringen zu können, ist es nötig, standardisierte Prüfvorschriften zu definieren, die das mögliche Bedrohungspotential der sogenannten TPEDs möglichst realitätsnah und reproduzierbar nachstellen. Es existieren bereits mehrere Normen, die in der Avionik Gültigkeit besitzen und Prüfvorschriften zur Zulassung des Betriebes von Mobilfunkgeräten im Flugzeug auch während des Fluges enthalten. Diese Dokumente unterliegen einer stetigen Weiterentwicklung. Die Prüfung der elektronischen Flugzeugsysteme wird hierbei überwiegend im EMV-Labor durchgeführt, wobei jedes Gerät einzeln getestet wird. Hierbei wird die Störbeaufschlagung der Systeme nachgestellt, so wie sie durch den Betrieb von Mobilfunkgeräten in der Nähe dieser Systeme auftreten kann. Um diese existierenden Prüfvorschriften sowie das eventuell vorhandene Bedrohungspotential für die Flugzeugelektronik beurteilen zu können, werden die in den Normen abgebildeten

Prüfbedingungen in dieser Arbeit unter Laborbedingungen detailliert nachgestellt und unter umfangreicher Variation verschiedener Parameter auf potentielle Probleme bei der Störbeaufschlagung hingewiesen. Ein besonderer Fokus liegt auf der Störbeaufschlagung des Prüflings im Nahfeld des Senders. Dieses Szenario ergibt sich beispielsweise, wenn ein Passagier in unmittelbarer Nähe zu einem elektronischen Flugzeugsystem sein Handy betreibt. Durch die Wechselwirkung zwischen der Umgebung und der Antenne des Senders wird dessen Charakteristik beeinflusst, die Abstrahleigenschaften ändern sich. Zudem wird der Prüfling lokal einer relativ hohen Feldstärke ausgesetzt, die zu Fehlfunktionen führen kann. In den aktuellen Normen sind Störfestigkeitstests unter Nahfeldbedingungen nur teilweise integriert, deshalb finden diese Tests eine besondere Beachtung.

Ferner stellt die Flugzeugkabine eine äußerst komplexe Umgebung für die Ausbreitung elektromagnetischer Wellen dar. Durch Reflexionen an der elektrisch leitfähigen Außenhülle sowie am Kabinenausbau kommt es zu Mehrwegeausbreitung und zur Überlagerung vieler Wellen. Andere Materialien, wie beispielsweise Kunststoffe oder Materialien mit eher geringer elektrischer Leitfähigkeit wirken sich dämpfend auf das sich ausbreitende Wellenfeld aus. Um die Flugzeugkabine mit ihren elektromagnetischen Eigenschaften zu verstehen, wird die Feldausbreitung innerhalb der Kabine vermessen und in Relation zur Freifeldausbreitung gesetzt.

1.2 Gliederung der Arbeit

Die vorliegende Arbeit beginnt mit einer Darstellung des aktuellen Standes der Technik in Kapitel 2. Hier werden die technischen Möglichkeiten der Funkkommunikation in der Flugzeugkabine dargestellt sowie wichtige rechtliche und normative Regelungen vorgestellt. Kapitel 3 stellt die Grundlagen der für diese Arbeit wichtigen physikalischen Phänomene, die elektromagnetische Feldtheorie, vor. Schwerpunkte bilden die elektromagnetische Wellenausbreitung sowie Resonanzeffekte elektrisch leitfähiger Hohlräume und Antennen. Es folgt in Kapitel 4 eine Einführung in die Schirmung elektromagnetischer Wellen, wobei der Einfluss von Diskontinuitäten im Schirmmaterial dargestellt sowie ein analytisches Modell zur Berechnung von Schirmgehäusen einfacher Geometrie hergeleitet werden. Die elektromagnetischen Ausbreitungsbedingungen in einer Flugzeugkabine werden in Kapitel 5 erstmalig mit hoher lokaler Auflösung (Messraster $\leq 1/10$ der betrachteten Wellenlänge) bei mobilfunktechnischen Frequenzen messtechnisch erfasst und analysiert. Auf diesen

Ergebnissen aufbauend wird eine Schirmkabine derart modifiziert, dass die elektromagnetischen Ausbreitungsbedingungen in der Kabine denen in einer Flugzeugkabine in guter Näherung entsprechen. Anhand von Messungen in der modifizierten Kabine wird ein neues Verfahren vorgestellt, wie anhand von ortsaufgelösten Feldstärkemessungen auf den Q-Faktor geschlossen werden kann.

Die Bestimmung der abgestrahlten Leistung einer Antenne bei strahlungsgebundenen Störfestigkeitstests ist sehr komplex, da die Rückwirkung der Strukturen in der Nähe der Antenne diese stark beeinflussen kann. Dieser Sachverhalt wird in Kapitel 6 erörtert und gezeigt, dass eine in der aktuellen Normung vorgeschlagene Testprozedur nicht angewandt werden kann. Eine Empfehlung zur Optimierung dieser Testprozedur wird gegeben.

Kapitel 7 widmet sich der Kopplung elektromagnetischer Wellen durch Aperturen, wobei speziell der Einfluss der Antennenposition und Orientierung auf den Koppelpfad aufgezeigt wird. Darauf aufbauend werden in Kapitel 8 neu entwickelte Messverfahren vorgestellt, um ortsaufgelöst im Inneren von Schirmgehäusen die Feldverteilung messtechnisch erfassen zu können. Um die elektromagnetischen Koppelvorgänge in ein komplexes elektronisches System zu bestimmen, wird in Kapitel 9 ein kommerzielles Ethernet-Switch einem elektromagnetischen Wellenfeld unter Nah- und Fernfeldbedingungen ausgesetzt und die Einkopplung messtechnisch aufgenommen. Simulationsdaten verifizieren die Messungen. Mit einer Zusammenfassung schließt diese Arbeit.

2 Stand der Technik

An Bord von Flugzeugen wird eine Vielzahl elektronischer Geräte verwendet, um den sicheren Betrieb des Flugzeuges zu gewährleisten. Es muss sichergestellt werden, dass diese Geräte gemäß ihrer Spezifikationen arbeiten, ohne andere Geräte in ihrer Umgebung zu stören und ohne selbst gestört zu werden.

Jedes Land regelt über Gesetze, ob und in welchem Umfang der Betrieb von Mobilfunkgeräten in dem Luftraum des jeweiligen Landes gestattet ist. In Deutschland wird dies über das Luftverkehrsgesetz [1] und die Luftfahrzeug-Elektronik-Betriebsverordnung [2] geregelt.

Zwei große Organisationen entwickeln in enger Zusammenarbeit Standards und Richtlinien zur Sicherstellung der EMV von Flugzeugen. Die RTCA[8] ist eine Vereinigung mit Sitz in den USA und entwirft als föderale Gutachterkommision Empfehlungen, die durch die US-amerikanische Bundesluftfahrtbehörde FAA[9] sowie private Firmen übernommen werden können. In Europa wird diese Aufgabe durch die EUROCAE[10] wahrgenommen. Die EUROCAE veröffentlichte im Dezember 2006 eine Richtlinie für die Benutzung von portablen elektronischen Geräten in Flugzeugen, die „Guidance for the Use of Portable Electronic Devices (PEDs) on Board Aircraft" (EUROCAE ED-130) [6], in welcher zwei unterschiedliche Prüfverfahren zur Sicherstellung der elektromagnetischen Störfestigkeit von elektronischen Geräten, die im Flugzeug installiert und betrieben werden, vorgeschlagen werden. Da wesentliche Aspekte dieser Dissertation auf den Prüfvorschriften der ED-130 basieren, wird dieses Dokument in Kapitel 2.3 detailliert vorgestellt.

Weitere der Dokumente werden in Zusammenarbeit entwickelt. So entspricht die EUROCAE ED-14 [3] der RTCA DO-160 [4]. Die RTCA veröffentlichte im Dezember 2007 Version F der "Environmental Conditions and Test Procedures for Airborne Equipment" [4]. Die DO-160F beschreibt Umgebungsbedingungen und Testverfahren für Luftfahrtsysteme. Abschnitt 20 umfasst die Störfestigkeit gegen feldgebundene Hochfrequenzfelder.

---

[8] RTCA: Radio Technical Commission for Aeronautics

[9] FAA: Federal Aviation Administration

[10] EUROCAE: European Organization for Civil Aviation Equipment

2.1 Funkdienste im Flugzeug

Dass es technisch möglich ist, auch während eines Fluges den Passagieren den Zugang zum Internet zu ermöglichen, zeigte Boeing 2001 mit der Tochterfirma Connexion by Boeing. Über eine auf dem Flugzeugdach installierte Antenne baut das System eine Verbindung zu geostationären Satelliten auf. Diese sind mit einer Gateway-Station am Boden verbunden, so dass eine Verbindung mit dem Internet am Boden möglich ist. In der Kabine wurde die Verbindung sowohl leitungsgebunden als Ethernet als auch drahtlos per WLAN den Endgeräten zur Verfügung gestellt. Das Angebot konnte sich aus verschiedenen Gründen am Markt nicht behaupten, auch die Erweiterung auf Handytelefonie konnte die Einstellung des Angebotes nicht verhindern. Mittlerweile ist die Entwicklung auf Seiten der mobilen Endgeräte sowie der mobilen Basisstationen im Flugzeug und der Satellitenantennen weit fortgeschritten, so dass es diverse Fluglinien gibt, die ihren Passagieren mobile Kommunikationsdienste zur Verfügung stellen. Möglich sind Internetverbindung über in der Kabine realisierte Drahtlosnetzwerke sowie GSM-Verbindungen, die nur zum Teil auch das Schreiben von SMS sowie die Nutzung von Datendiensten gestatten, um eine Belästigung der Reisenden durch die Telefongespräche anderer Mitreisender zu vermeiden.

2.2 Gesetzliche Regelungen für die Nutzung von tragbaren elektronischen Geräten an Bord von Flugzeugen in Deutschland

Im Februar 2008 veröffentlichte die deutsche Regierung die Luftfahrzeug-Elektronik-Betriebsverordnung (LuftEBV) [2], die die Verwendung von elektronischen Geräten, die nicht als Luftfahrtgerät in einem Flugzeug zugelassen sind, regelt. Das Luftverkehrsgesetz (LuftVG) [5] verbietet in der Regel die Verwendung von nicht als Flugzeugsystem zugelassenen elektronischen Geräten, die die Bordelektronik stören könnten. Ausnahmen können durch besondere Anforderungen zugelassen werden, solange die Zuverlässigkeit des Flugzeugs nicht gefährdet wird. In [2] sind weitere Ausnahmen vom Verbot des Einsatzes von nicht aeronautischen elektronischen Geräte während des Fluges definiert. Unter bestimmten Bedingungen ist es erlaubt, elektronische Geräte, die eine der folgenden Aussagen erfüllen, zu verwenden [2]:

1. elektronische Geräte aus dem Bereich der Medizintechnik, deren Betrieb zur Aufrechterhaltung, Unterstützung oder Überwachung von Körperfunktionen erforderlich ist
2. elektronische Geräte, die ausschließlich durch geräteeigene Solarzellen oder Knopfzellen mit Energie versorgt werden und nicht über eine Sendefunktion verfügen
3. tragbare satellitengestützte Navigations- und Aufzeichnungsgeräte
4. sonstige elektronische Geräte ohne Sendefunktion wie tragbare Computer, elektronische Informations- und Unterhaltungsgeräte, Geräte zur Foto- und Videoaufzeichnung, soweit sie nicht während des Rollens, des Starts, des Endanflugs und der Landung betrieben werden
5. elektronische Geräte mit Sendefunktion, solange das Luftfahrzeug an einer Parkposition steht und die Triebwerke nicht in Betrieb sind.

Weitere Befreiungen von den Beschränkungen sind unter der Voraussetzung möglich, dass die EMV der Bordelektronik mit den zuzulassenden Mobilfunkgerätetypen nachgewiesen wird. Für Kleinflugzeuge, deren Startgewicht 5,7 t nicht überschreitet, gibt es stark vereinfachte Regelungen, die den Betrieb von Mobilfunkgeräten zulassen.

2.3 Normative Regelungen

Zum Nachweis der EMV muss die Verträglichkeit der zuzulassenden Systeme ausführlichen Tests unterzogen werden. Diese umfassen unter anderem Störfestigkeitstests, die die Unempfindlichkeit der Systeme gegen äußere elektromagnetische Felder sicherstellen sollen. Die Randbedingungen für diese Tests werden in Normen festgelegt. Die wichtigsten Normen zur Zulassung von Flugzeugsystemen sind in den folgenden Unterkapiteln aufgeführt.

2.3.1 EUROCAE ED-130

Die EUROCAE veröffentlichte 2006 mit der "Guidance for the Use of Portable electronic Devices on Board Aircraft" [6] eine Richtlinie für die Benutzung von tragbaren elektronischen Geräten an Bord von Luftfahrzeugen. Dieser Leitfaden beinhaltet Prüfvorschriften für die

Qualifizierung der Flugzeugelektronik gegen mögliche durch die Verwendung von TPEDs hervorgerufene Störungen, um den Betrieb von TPEDs während des Fluges zu ermöglichen.

Je nach genutztem Übertragungsstandard unterscheiden sich die Sendesignale der TPEDs. In der ED-130 werden die verschiedenen Modulationsarten in zwei Gruppen eingeteilt, in pulsmodulierte Signale, zu denen auch amplitudenmodulierte Signalformen zählen, und Dauersignale, bei denen ein zeitlich kontinuierliches Signal gesendet wird und die Modulation beispielsweise über eine Phasenverschiebung realisiert ist. Aus diesen beiden Gruppen leiten sich zwei Prüfsignale ab, die in Abbildung 1 und Abbildung 2 dargestellt sind [6].

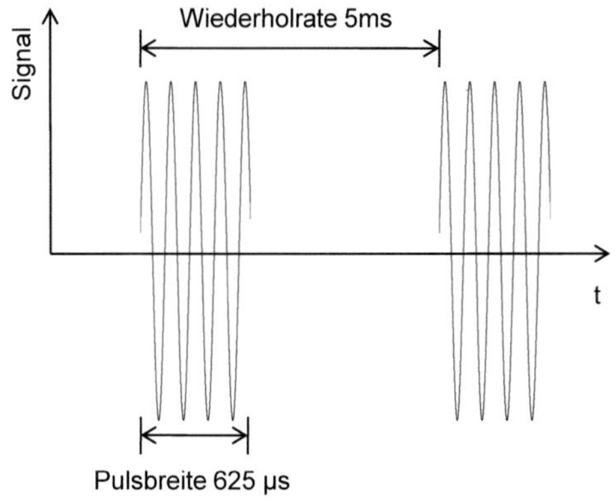

Abbildung 1: Testsignal für pulsmodulierte Kommunikationsstandards [6]

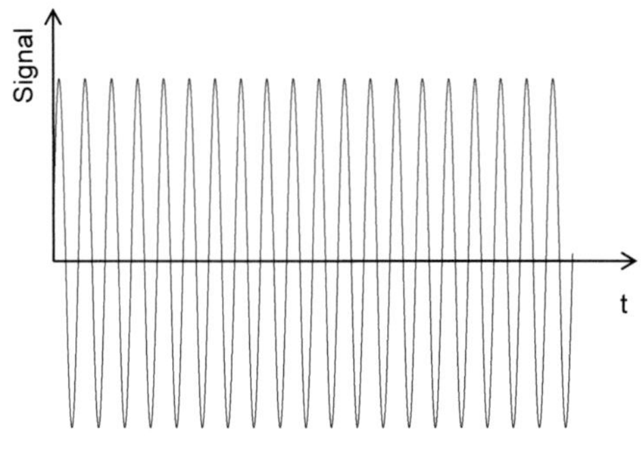

Abbildung 2: Testsignal für kontinuierlich sendende Kommunikationsstandards [6]

Die in Anhang 3 der ED-130 beschriebenen Prüfvorschriften verwenden jeweils eine Antenne vor dem Prüfling zur Erzeugung des elektrischen Feldes für die Störfestigkeitstests.

Die „Transmitted Power Test Procedure“ basiert auf der Festlegung der abgestrahlten Leistung der Antenne, die den Prüfling beleuchtet. Die Antenne wird dabei in unmittelbarer Nähe des Prüflings (Abstand 10 cm) aufgestellt und mit Leistungen zwischen 2 und 8 W betrieben. Dieses Verfahren soll die Feldbeaufschlagung des Prüflings bei Betrieb eines übertragenden portablen Gerätes (TPED) nachbilden und so die Störfestigkeit des Systems, z.B. gegen in direkter Umgebung betriebene Mobiltelefone sicherstellen. In Abbildung 3 ist der Messaufbau schematisch skizziert.

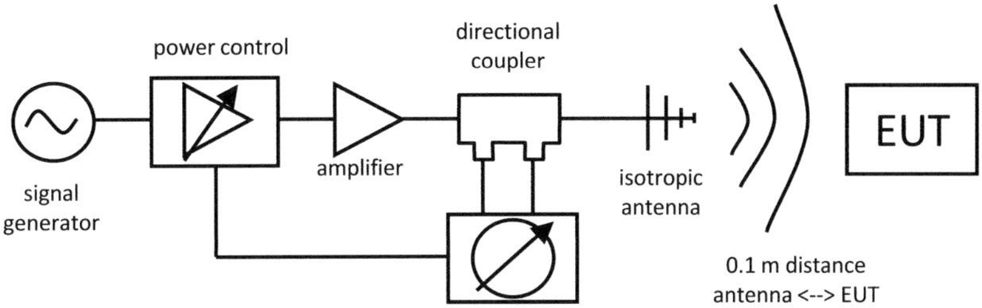

Abbildung 3: Schematischer Messaufbau nach der "Transmitted Power Test Procedure" [6]

Die „Electric Field Test Procedure“ beschreibt einen Prüfaufbau, bei dem der Prüfling mit einer Antenne in 1 m Abstand beaufschlagt wird. Durch die größere Distanz zur Sendeantenne ist von einer homogeneren Ausleuchtung des Prüflings auszugehen. Vor der eigentlichen Störfestigkeitsuntersuchung wird das elektrische Feld am Ort des Prüflings gemessen und auf die geforderten Feldstärken eingestellt. Bei kritischen Systemen werden Feldstärken von bis zu 110 V/m Dauersignal gefordert, so dass beachtliche Sendeleistungen erforderlich sind. Abbildung 4 zeigt den Messaufbau schematisch.

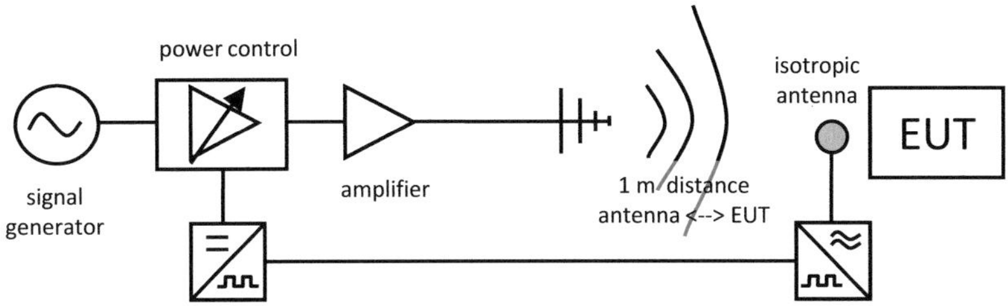

Abbildung 4: Schematischer Messaufbau nach der "Electric Field Test Procedure" [6]

Für die pulsmodulierte Störbeaufschlagung sieht die ED-130 Sendeleistungen von 800 mW bis 8 W im Falle der „Transmitted Power Test Procedure“ und 20 bis 150 V/m für die „Electric Field Test Procedure“ vor. Die Werte für die kontinuierliche Beaufschlagung liegen niedriger bei 400 mW bis 4 W bzw. 20 bis 110 V/m. Der zu prüfende Frequenzbereich reicht von 300 MHz bis 6 GHz.

2.3.2 Vergleich von Prüfszenarien in Nah- und Fernfeld

Bei der Beaufschlagung von Prüflingen mit hochfrequenten elektromagnetischen Feldern, die von einer Antenne abgestrahlt werden, werden in [6] Prüfszenarien im Nah- und Fernfeld der Antenne vorgestellt. Die Störbeaufschlagung des Prüflings im Fernfeld einer Antenne ist mit der Beaufschlagung in einer GTEM-Zelle vergleichbar, da beide Verfahren ein TEM-Feld am Ort des Prüflings erzeugen. Die unterschiedlichen Verfahren haben verschiedene Vor- und Nachteile, die in Tabelle 1 zusammengefasst sind.

Tabelle 1: Gegenüberstellung verschiedener EMV-Prüfszenarien

Beaufschlagung	**Vorteile**	**Nachteile**
Fernfeld / TEM	• Homogene Ausleuchtung des Prüflings • Feldstärke- und leistungsbasierte Prüfverfahren sind anwendbar	• Zum Erreichen der Prüfpegel sind Hochleistungs-breitbandverstärker nötig • Die lokale Ausleuchtung des Prüflings durch TPEDs wird nicht nachgebildet
Nahfeld	• Die Prüfpegel sind mit moderater Verstärkerleistung zu erreichen • Die lokale Ausleuchtung des Prüflings durch TPEDs wird nachgebildet	• Der Testaufbau ist stark von der Position der Sendeantenne abhängig • Keine feldstärkebasierten Prüfszenarien möglich, da das Feld stark von dem Prüfling beeinflusst wird

2.3.3 EUROCAE ED-14 / RTCA DO-160

Die EUROCAE und die RTCA haben in Zusammenarbeit eine Prüfvorschrift erstellt, die Umgebungsbedingungen und Prüfvorschriften für Flugzeugsysteme definiert (Environmental conditions and test procedures for airborne equipment [3] bzw. [4]). In Abschnitt 20 werden hier zwei Prüfvorschriften für strahlungsgebundene Störfestigkeitstests vorgestellt. Das erste Prüfszenario ist vergleichbar mit der „Electric Field Test Procedure" der ED-130. In einer Schirmkabine wird das zu testende System (EUT – equipment under test) von einer Antenne in 1 m Abstand bestrahlt. Die elektrische Feldstärke wird an einem Kalibrierpunkt gemessen entsprechend der Prüfvorschrift eingestellt. Abbildung 5 zeigt eine schematische Übersicht des Aufbaus.

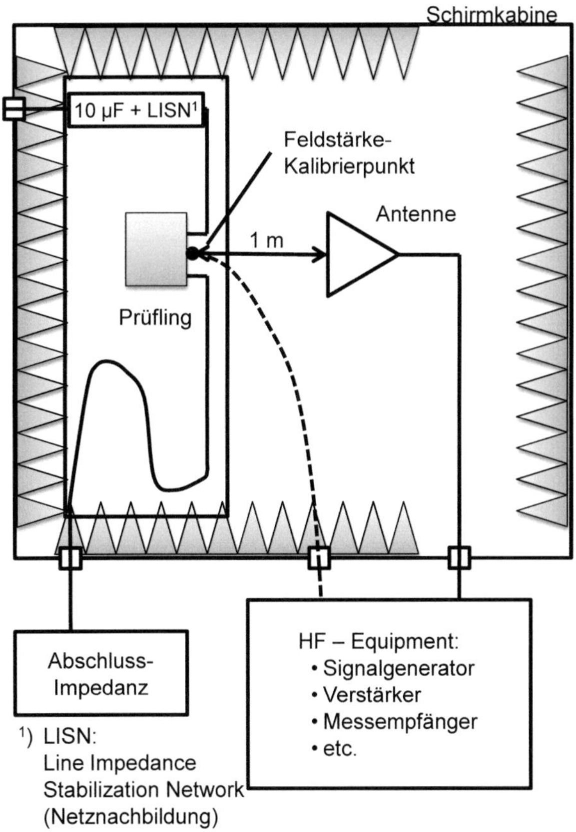

Abbildung 5: Prüfaufbau nach DO-160 [4]

Für die Ausleuchtung des Prüflings müssen weitere Kriterien eingehalten werden. Wenn der Prüfling größer als die 3-dB-Strahlungskeule der Antenne ist, müssen mehrere Tests durchgeführt werden, um die komplette Störbeaufschlagung des Prüflings sicherzustellen. Aperturen im Schirmgehäuse müssen direkt zur Antenne ausgerichtet werden. Die Antenne muss in zwei Orientierungen aufgestellt werden (horizontal und vertikal polarisiert).

Die Beschreibung des Prüfaufbaus ist wesentlich detaillierter als der der „Electric Field Test Procedure“ in der ED-130 [3].

Die zweite vorgestellte Prüfvorschrift sieht die Verwendung einer Modenverwirbelungskammer vor, in der durch die Mehrfachreflexionen an den Kammerwänden mit moderaten Eingangsleistungen hohe Feldstärken erreicht werden können. Da dieses Verfahren in der vorliegenden Arbeit nicht zur Anwendung kommt, wird an dieser Stelle auf eine detaillierte Darstellung verzichtet und auf die entsprechende Literatur [4] verwiesen.

3 Elektromagnetische Feldtheorie

Um die Ausbreitungsvorgänge von abgestrahlten elektromagnetischen Wellen beschreiben zu können, werden die physikalischen Effekte durch ein mathematisches Modell abgebildet. Die komplexen Vorgänge, die sich bei der Wellenausbreitung ergeben, können mit Hilfe der elektromagnetischen Feldtheorie berechnet werden.

Die Entstehung und Ausbreitung von elektromagnetischen Wellen sowie die Wechselwirkung mit Materie wird durch die Maxwellschen Gleichungen beschrieben, die die Feldgrößen Raumladungsdichte ρ [C/m³], Stromdichte **J** [A/m²], elektrische Feldstärke **E** [V/m], Verschiebungsdichte **D** [As/m²], magnetische Flussdichte **B** [Vs/m²] und magnetischen Feldstärke **H** [A/m] miteinander verknüpfen. Sie erlauben eine genaue Beschreibung makroskopischer Phänomene. Elektromagnetische Effekte, die auf die diskrete Struktur der Materie (Elektronen, Protonen, ...) zurückzuführen sind, werden nicht erfasst. Die Maxwellschen Gleichungen können in differenzieller oder, wie im Folgenden dargestellt, in integraler Schreibweise angeben werden [7], [8], [9]:

$$\oint_S \mathbf{H} d\mathbf{s} = \iint_A \mathbf{J} d\mathbf{A} + \frac{\partial}{\partial t} \iint_A \mathbf{D} d\mathbf{A} \tag{3-1}$$

$$\oint_S \mathbf{E} d\mathbf{s} = -\frac{\partial}{\partial t} \iint_A \mathbf{B} d\mathbf{A} = -\frac{\partial \Phi}{\partial t} \tag{3-2}$$

$$\oiint_A \mathbf{D} d\mathbf{A} = \iiint_V \rho dV \tag{3-3}$$

$$\oiint_A \mathbf{B} d\mathbf{A} = 0 \tag{3-4}$$

Die Gleichungen (3-1) und (3-2) verknüpfen ein Umlaufintegral entlang einer geschlossenen Hüllkurve S um eine Fläche A mit einem Flächenintegral über selbige Fläche. Gleichung (3-1) verknüpft das Umlaufintegral der magnetischen Feldstärke **H** mit dem Flächenintegral über die Gesamtstromdichte, die sich aus der (Leitungs-)Stromdichte **J** sowie der zeitlichen Ableitung der Verschiebungsdichte ∂**D**/∂t zusammensetzt. Sie wird in der Literatur als Durchflutungssatz bezeichnet und sagt aus, dass ein Stromfluss, sei es in Form von bewegten Ladungen oder als Verschiebungsstrom, ein magnetisches Feld zur Folge hat. In Gleichung (3-2) wird gezeigt, dass das Umlaufintegral über die elektrische Feldstärke **E** gleich der negativen zeitlichen Ableitung des Flächenintegrals der magnetischen Flussdichte **B** ist. Ein zeitlich veränderlicher magnetischer Fluss hat demnach ein elektrisches Feld zur Folge (Induktionsgesetz).

Die Gleichungen (3-3) und (3-4) verknüpfen ein Flächenintegral über eine geschlossene Hüllfläche A eines Volumens mit dem Volumenintegral über dieses Volumen. Gleichung (3-3), in der Literatur als Satz vom Hüllenfluss bezeichnet, gibt an, dass der elektrische Fluss durch eine geschlossene Oberfläche eines Volumens gleich der umschlossenen Ladung ist und zeigt so, dass elektrische Ladungen Quellen eines elektrischen Feldes sind. Gleichung (3-4), auch als Satz der Quellenfreiheit magnetischer Felder bezeichnet, bildet das Flächenintegral über eine geschlossene Hüllfläche um ein Volumen und besagt, dass das Integral des durch die Hüllfläche durchtretenden magnetischen Flusses immer gleich 0 ist. Das magnetische Feld ist somit quellenfrei.

Die Gleichungen (3-5) bis (3-7) werden als Materialgleichungen bezeichnet und verknüpfen die Flussdichten **D** und **B** mit den Feldstärken **E** und **H** sowie die Stromdichte **J** mit der elektrischen Feldstärke **E**. Sie beschreiben die Eigenschaften des Materials, in dem sich die elektromagnetischen Phänomene abspielen.

$$\mathbf{D} = \varepsilon\mathbf{E} = \varepsilon_r\varepsilon_0\mathbf{E} \tag{3-5}$$

$$\mathbf{B} = \mu\mathbf{H} = \mu_r\mu_0\mathbf{H} \tag{3-6}$$

$$\mathbf{J} = \kappa\mathbf{E} \tag{3-7}$$

Der Quotient aus Flussdichte und Feldstärke besteht aus einer Naturkonstanten (Index 0) und einer material- und in der Regel frequenzabhängigen relativen Konstanten (Index r). Die relative Permittivität ε_r und relative Permeabilität μ_r sind für verlustlose Materialien rein reell, bei verlustbehaftetem Material gibt der Imaginärteil den ohmschen Verlust des Materials an. [10]. Ein elektrisches Feld **E** treibt in leitfähigem Material einen Strom. Die elektrische Leitfähigkeit κ ist als materialabhängige Proportionalitätskonstante definiert, die das Verhältnis zwischen Stromdichte **J** und elektrischer Feldstärke **E** beschreibt.

Gleichung (3-8) ist die Kontinuitätsgleichung [8], die sich aus der differentiellen Form von Gleichung (3-1) und (3-3) herleiten lässt. Sie verknüpft die Quellen der elektrischen und magnetischen Felder (Raumladungsdichte ρ und Stromdichte **J**) miteinander.

$$div\mathbf{J} + \frac{\partial\rho}{\partial t} = 0 \tag{3-8}$$

Aus der Integration der Kontinuitätsgleichung über ein Volumen V erhält man den Ladungserhaltungssatz (Gleichung (3-9)), der den durch die Hüllfläche A eines Volumens V durchtretenden Strom mit der zeitlichen Änderung der sich im Volumen befindlichen Ladung in Relation setzt. Eine Ladungsänderung im betrachteten Volumen hat immer einen Stromfluss durch die Oberfläche des Volumens zur Folge.

$$\oiint_A \mathbf{J}d\mathbf{A} + \frac{d}{dt}\iiint_V \rho dV = 0 \tag{3-9}$$

3.1 Wellenausbreitung im freien Raum

Elektromagnetische Wellen breiten sich im freien Raum als ebene, transversale Wellen aus, wenn das betrachtete Ausbreitungsgebiet hinreichend weit von der Quelle der elektromagnetischen Welle entfernt ist. Dieses Gebiet wird als Fernfeld bezeichnet und in Kapitel 3.4 definiert. Das elektrische und das magnetische Feld treten dann zeitgleich auf, die Feldstärkevektoren stehen senkrecht aufeinander in einer Ebene quer zur Ausbreitungsrichtung.

Die analytische Beschreibung einer solchen Welle stellt eine Lösung der Helmholtz-Gleichungen dar [11], [12]:

$$\nabla^2\varphi - \mu\varepsilon\frac{d^2\varphi}{dt^2} = 0, \tag{3-10}$$

wobei φ durch den Feldstärkevektor **E** bzw. den magnetischen Flussdichtevektor **B** zu ersetzen ist. Die Ausbreitungsgeschwindigkeit der Welle ist mit

$$v = \frac{1}{\sqrt{\mu\varepsilon}} \tag{3-11}$$

gegeben [11].

Das Verhältnis zwischen elektrischer und magnetischer Feldstärke wird Feldwellenwiderstand Z genannt und ist frequenz- und materialabhängig [7 - 9]:

$$Z = \sqrt{\frac{j\omega\mu}{\sigma + j\omega\varepsilon}} \tag{3-12}$$

In verlustlosem Material (σ=0) wird der Feldwellenwiderstand rein reell, er beträgt im Vakuum $120\pi\ \Omega \approx 377\ \Omega$.

Die von einer Welle transportierte Leistung wird über den Pointingvektor bestimmt. Die Energiestromdichte **S** ist gleich dem Kreuzprodukt der Feldstärkevektoren **E** und **H** [8]:

$$\mathbf{S} = \mathbf{E} \times \mathbf{H}^* \tag{3-13}$$

3.2 Wellenausbreitung auf Leitern

Elektromagnetische Wellen benötigen kein Medium, um sich auszubreiten. Um hochfrequente Signale oder Wellen definiert führen zu können, werden Leitungen benötigt. Diese werden in zwei Klassen eingeteilt [13]: Mehrdrahtleiter und Wellenleiter.

3.2.1 Mehrleitersysteme

Der wichtigste und am weitesten verbreitete Vertreter der Mehrleitersysteme ist die Zweidrahtleitung. Wie alle Mehrleitersysteme ermöglicht sie es, Signale von f = 0 Hz und in Abhängigkeit ihrer Ausführung bis in den oberen GHz-Bereich zu übertragen. Typische Vertreter der Zweidrahtleitung sind Paralleldrahtleitungen, Koaxialleitungen sowie Mikrostreifen- und Koplanarleitungen. Unter der Annahme, dass die Leiter ideal leitfähig sind, sind TEM-Wellen, also Wellen, die keine Feldkomponente in Ausbreitungsrichtung haben, auf den Leitern ausbreitungsfähig. Bei Leitern mit einem sehr geringen ohmschen Widerstand werden die sich ausbreitenden Wellen oft als Quasi-TEM-Wellen bezeichnet.

3.2.2 Einleitersysteme

Einleitersysteme bestehen aus nur einem Leiter, es gibt keinen Stromkreis im klassischen Sinne, bestehend aus Hin- und Rückleiter. Der Energietransport findet in Form einer sich im Inneren ausbreitenden elektromagnetischen Welle statt. Aufgrund ihres mechanischen Aufbaus werden Einleitersysteme auch als Hohlleiter bezeichnet. Hohlleiter sind Strukturen, die genutzt werden, um elektromagnetische Energie zu transportieren [14]. Sie bestehen nur aus einem Leiter, in dessen Innerem eine Welle durch Reflexion an den Hohlleiterwänden transportiert wird. In Abbildung 6 ist ein Rechteckhohlleiter mit den Abmessungen a und b skizziert, wobei a>b angenommen wird und der Innenraum mit einem Material der Permittivität ε und der Permeabilität μ gefüllt ist [15], [16], [11].

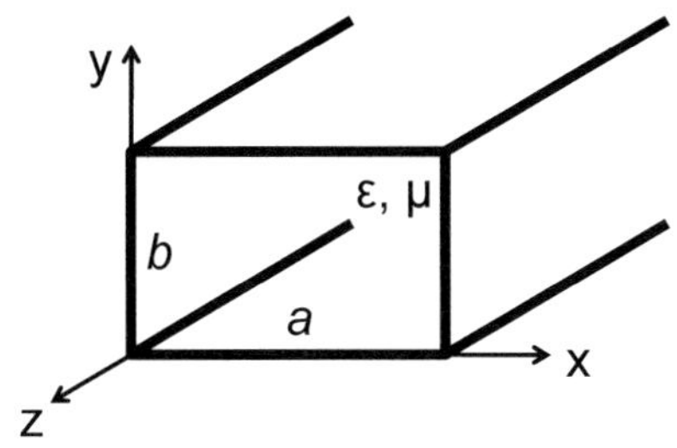

Abbildung 6: Schematische Darstellung eines Rechteckhohlleiters

Die TE_{10}-Welle, auch als H_{10}-Welle bezeichnet, breitet sich entlang der z-Achse des Hohlleiters aus. Sie besitzt nur transversale, also senkrecht zur Ausbreitungsrichtung stehende, elektrische Feldstärkekomponenten und magnetische Feldstärkekomponenten in Ausbreitungsrichtung (Abbildung 7). Die Indizes geben die Feldstärkemaxima des elektrischen Feldes in x- und y-Richtung an.

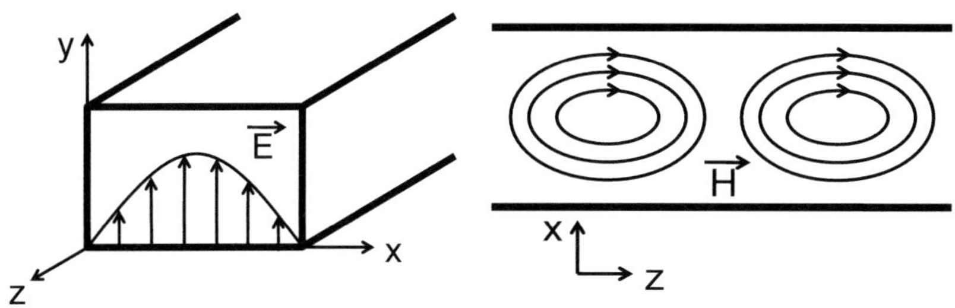

Abbildung 7: Elektrische Feldverteilung der TE_{10}-Mode (H_{10}-Welle), links: Elektrisches Feld, rechts: Magnetisches Feld

Die Ausbreitung der elektromagnetischen Wellen im Hohlleiter geschieht durch vielfache Reflexionen der Welle an den Hohlleiterwänden. Die Wände stellen die Randbedingungen für die Welle dar, wobei das tangentiale elektrische Feld und die Normalkomponente des magnetischen Feldes an den leitenden Wänden verschwinden. Dies ist nur für bestimmte Reflexionswinkel möglich, womit eine untere Grenzfrequenz definiert werden kann. Wellen niedrigerer Frequenz werden so stark gedämpft, dass keine Ausbreitung im Hohleiter möglich ist [16],[12]. Die Moden, deren Ausbreitung in einem Hohleiter bei bestimmten Abmessungen möglich ist, berechnen sich nach Formel (3-14) [11]:

$$2\pi f = \frac{1}{\sqrt{\varepsilon\mu}}\sqrt{\left(\frac{n\pi}{a}\right)^2 + \left(\frac{m\pi}{b}\right)^2} \qquad (3\text{-}14)$$

Hierbei sind n und m die Modenzahlen, a und b die Abmessungen des Hohlleiters und f die Frequenz. Die niedrigste ausbreitungsfähige Frequenz ist die bereits erwähnte H_{10}-Mode, die sich aus Formel (3-14) durch einsetzen von m=0 und n=1 ergibt.

Für jede Eigenwelle im Hohlleiter ist der Feldwellenwiderstand eine charakteristische Größe. Unterhalb der Grenzfrequenz ist dieser ein reiner Blindwiderstand, oberhalb ein Wirkwiderstand. Er ist oberhalb der Grenzfrequenz für E- und H-Wellen wie folgt definiert [11]:

$$\underline{Z}_g^E = Z_0\sqrt{1-(\lambda/\lambda_c)^2}\text{, } mit\ \lambda_c = 2a \qquad (3\text{-}15)$$

$$\underline{Z}_g^H = \frac{Z_0}{\sqrt{1-(\lambda/\lambda_c)^2}}\text{, } mit\ \lambda_c = 2a \qquad (3\text{-}16)$$

Die Ausbreitungskonstante $\underline{k}_g$ bestimmt sich zu [11]:

$$\underline{k}_g = \sqrt{k_0^2 - (\frac{m\pi}{a})^2 - (\frac{n\pi}{b})^2}\text{, } mit\ k_0 = \frac{2\pi}{\lambda} \qquad (3\text{-}17)$$

Die Anregung eines Hohlleiters kann durch eine Leiterschleife, die mit der Hohlleiterwand kurzgeschlossen ist, oder eine kurze Stabantenne erfolgen. Letzteres findet auch bei der Hornantenne Anwendung, die als ein an einem Ende aufgeweiteter Hohlleiter anzusehen ist (vgl. Kapitel 3.4).

3.3 Hohlraumresonatoren

Wird ein Hohlleiter an zwei Ebenen für konstantes z kurzgeschlossen, so entsteht ein Hohlraumresonator. Von besonderer Bedeutung in der vorliegenden Arbeit sind quaderförmige Hohlraumresonatoren, da nahezu jedes elektrisch leitfähige Schirmgehäuse als Hohlraumresonator aufgefasst werden kann. Die Kurzschlussflächen definieren

Randbedingungen für die sich im Inneren des Resonators ausbreitenden Wellen, die erfüllt werden, wenn der Abstand l zwischen den Flächen ein gerades Vielfaches der halben Hohlleiterwellenlänge λ_L ist. Zur Berechnung der entstehenden Moden wird Formel (3-14) entsprechend erweitert [11]:

$$2\pi f = \frac{1}{\sqrt{\varepsilon\mu}}\sqrt{\left(\frac{n\pi}{a}\right)^2+\left(\frac{m\pi}{b}\right)^2+\left(\frac{p\pi}{l}\right)^2} \quad (3\text{-}18)$$

Hierbei ist p die Modenzahl in z-Richtung und l der Abstand zwischen den Kurzschlussflächen.

Die Anregung eines Schirmgehäuses kann durch eine äußere elektromagnetische Welle erfolgen, die durch Aperturen in den Schirmgehäusewänden oder Kabeldurchführungen ins Innere des Gehäuses einkoppelt, oder aber seinen Ursprung im Gehäuse selbst hat, beispielsweise beim Betrieb hochfrequenter Elektronikbaugruppen.

Die Güte Q eines Resonators ist ein Maß für die Dämpfung eines schwingfähigen Systems. Sie setzt die im System gespeicherte Energie in Relation zur Verlustenergie [17], [18]:

$$Q = 2\pi\frac{\text{mittlere gespeicherte Energie}}{\text{Energieverlust pro Periode}} = 2\pi\frac{W_s}{W_l} \quad (3\text{-}19)$$

Je größer die Güte Q eines Hohlraumresonators ist, desto weniger Energie entweicht dem Resonator durch Aperturen oder wird aufgrund der endlichen Leitfähigkeit des Resonatormaterials in Wärme umgesetzt. Aus der Sicht der EMV ist, z.B. im Falle der Schirmwirkung eines metallischen Gehäuses, eine hohe Güte nicht erstrebenswert, da diese zwangsläufig mit besonders stark ausgeprägten Feldstärkeüberhöhungen zusammenhängt. Bei der Betrachtung der Schirmwirkung von Gehäusen in Kapitel 4 spielen die Güte und Resonanzen ebenfalls eine entscheidende Rolle.

3.4 Antennen

Antennen bilden den Übergang zwischen leitungsgebundenen elektromagnetischen Wellen und Freiraumwellen und wirken als Anpassglied zwischen dem Leitungswellenwiderstand und dem Feldwellenwiderstand im Freiraum ($Z_0=120\pi\Omega$). Im Folgenden werden die allgemeingültige Charakteristika von Antennen aufgeführt und die Antennen im Detail beschrieben, die bei den im Rahmen dieser Dissertation durgeführten Untersuchungen verwendet wurden.

3.4.1 Der Abstrahlmechanismus

Eine der einfachsten Antennenbauformen ist die eines Dipols. Eine Dipolantenne kann als am Ende leerlaufende Zweidrahtleitung aufgefasst werden, deren Enden zu einem Dipol aufgespreizt werden [11]. Abbildung 8 zeigt eine solche Zweidrahtleitung, deren eines Ende von einer Quelle gespeist wird und deren anderes Ende offen und zu einem Dipol gebogen ist.

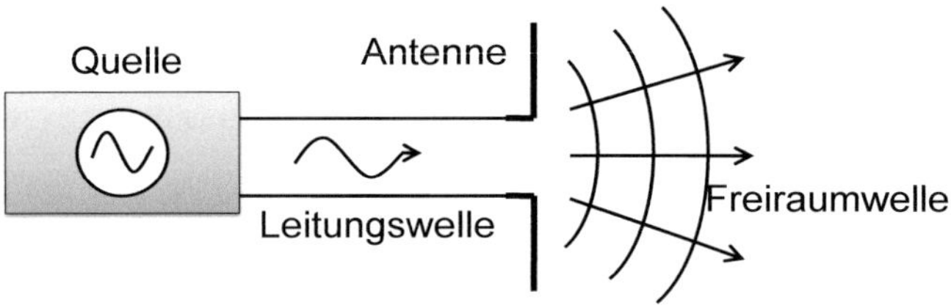

Abbildung 8: Betrieb einer Dipolantenne in Senderichtung

Wird eine elektrische Wechselspannung an die Zweidrahtleitung angelegt, so bildet sich ein elektrisches Feld zwischen den Leitern aus. Die Arme der Antenne laden sich mit unterschiedlicher Polarität auf. Es entsteht ein elektrisches Quellenfeld zwischen den beiden Polen der Dipolantenne. Durch die Ladungsverschiebung auf der Antenne und der Leitung fließt ein Strom, der wiederum ein ihn konzentrisch umgebendes Magnetfeld zur Folge hat. Die entstehenden Felder sind direkt mit der Anregung der Quelle verbunden, die eine zeitlich veränderliche Spannung erzeugt, demnach sind die entstehenden Felder auch zeitlich veränderlich.

Ein zeitlich veränderliches elektrisches Feld hat einen Verschiebungsstrom I_v bzw. die Verschiebungsstromdichte J_v zur Folge [20],[21]:

$$\vec{J}_V = \frac{\partial \vec{D}}{\partial t} \qquad (3\text{-}20)$$

Nach dem Durchflutungssatz (Formel (3-1)) erzeugen sowohl der Leitungsstrom als auch der Verschiebungsstrom ein magnetisches Feld. Das zeitlich veränderliche elektrische Feld erzeugt also wiederum ein zeitlich veränderliches Magnetfeld.

Dem Induktionsgesetz zur Folge (Formel (3-2)) induziert das zeitlich veränderliche Magnetfeld des Verschiebungsstromes wiederum ein elektrisches Feld. Feldursache ist hier nicht die Ladung auf den Polen der Antenne, sondern der Induktionseffekt. Das entstehende Feld ist somit quellenfrei und ein reines Wirbelfeld.

Das zeitlich veränderliche induzierte elektrische Feld hat über seine zeitlich veränderliche Flussdichte wiederum ein Magnetfeld zur Folge. Somit ist eine elektromagnetische Welle entstanden, die sich ausgehend von der Antenne ausbreitet.

Der Vollständigkeit halber sei an dieser Stelle noch erwähnt, dass Antennen reziprok sind, also sowohl in Sende- als auch in Empfangsrichtung betrieben werden können. Die Wirkkette in Empfangsrichtung ist gleich der oben beschriebenen, nur in umgekehrter Reihenfolge.

3.4.2 Kenngrößen einer Antenne

Um die Eigenschaften verschiedener Antennentypen vergleichen zu können, ist es nötig, einige Kenngrößen zu definieren. Die wichtigsten Antennenparameter werden in diesem Kapitel vorgestellt.

Die Richtcharakteristik ist eine sehr aussagekräftige Eigenschaft einer Antenne. Sie gibt die räumliche Verteilung einer Größe an, die das elektromagnetische Feld, das die Antenne abstrahlt, charakterisiert [19]. Oft wird die Richtcharakteristik in Form eines zwei- oder dreidimensionalen Richtdiagramms angegeben, das die abgestrahlte Leistung oder Feldstärke als Funktion des Ortes über einen Kreis oder eine Kugel mit konstantem Radius zeigt. Neben der isotropen Richtcharakteristik, die nur von theoretischer Bedeutung ist und eine gleichförmige Abstrahlung in alle Richtungen beschreibt, werden direktionale und omnidirektionale Antennen unterschieden. Omnidirektionale Antennen haben ein rotationssymmetrisches Abstrahlverhalten, während direktionale Antennen eine ausgeprägte Hauptstrahlrichtung haben. Mono- und Dipolantennen sowie Bikonusantennen und die im folgenden Abschnitt vorgestellte Diskonus-Antenne[11] sind Beispiele für omnidirektionale Antennen, während Hornantennen, logarithmisch periodische Antennen sowie Reflektorantennen aufgrund ihrer Richtcharakteristik zu den direktionalen Antennen zählen.

Im Rahmen der vorliegenden Arbeit kam eine Diskonus-Antenne für diverse Messungen zum Einsatz. Abbildung 9 zeigt eine CAD-Skizze dieser Antenne, die nach [22] vom Autor nachgebaut wurde. Abbildung 10 und Abbildung 11 zeigen die gemessene Richtcharakteristik

[11] Diskonus-Antenne: Dipolantenne, bestehend aus einer Scheibe (Disk) und einem konischen Element

der Antenne in horizontaler und vertikaler Ebene. Die Rotationssymmetrie in der horizontalen Ebene ist gut zu erkennen.

Abbildung 9: Diskonus-Antenne

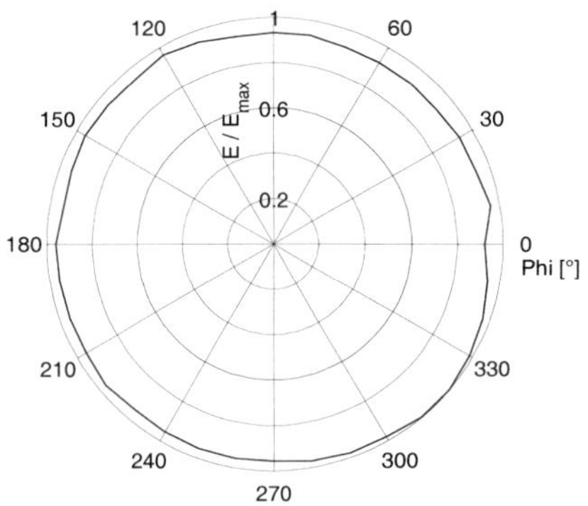

Abbildung 10: Horizontaldiagramm der Diskonus-Antenne bei 1 GHz

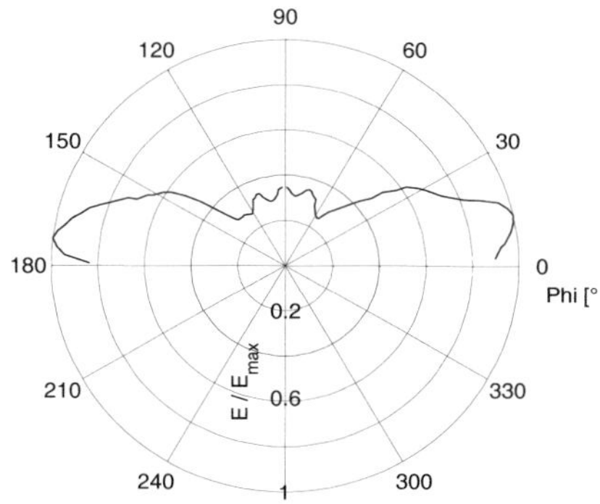

Abbildung 11: Vertikaldiagramm der Diskonus-Antenne bei 1 GHz

Abbildung 12 zeigt die Hornantenne BBHA 9120D von Schwarzbeck [23]. Die Hornantenne weist eine starke Richtcharakteristik auf, wie aus den dem Datenblatt entnommenen Diagrammen in Abbildung 13 und Abbildung 14 hervorgeht.

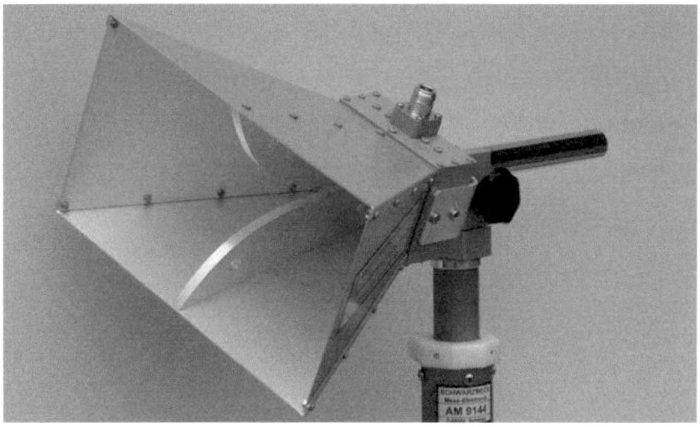

Abbildung 12: Foto Hornantenne BBHA 9120D [23]

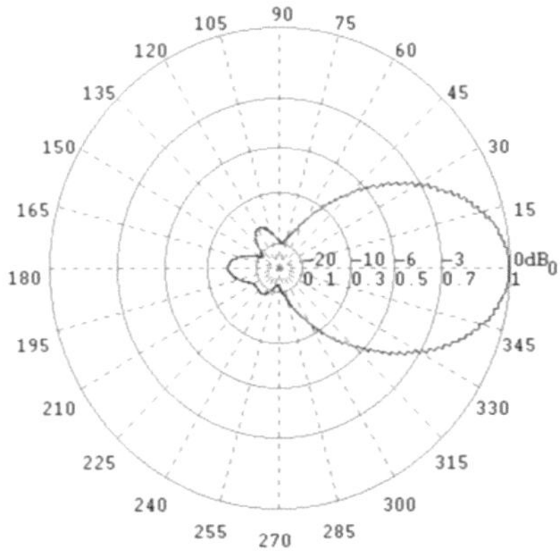

Abbildung 13: Horizontaldiagramm der Hornantenne bei 1 GHz

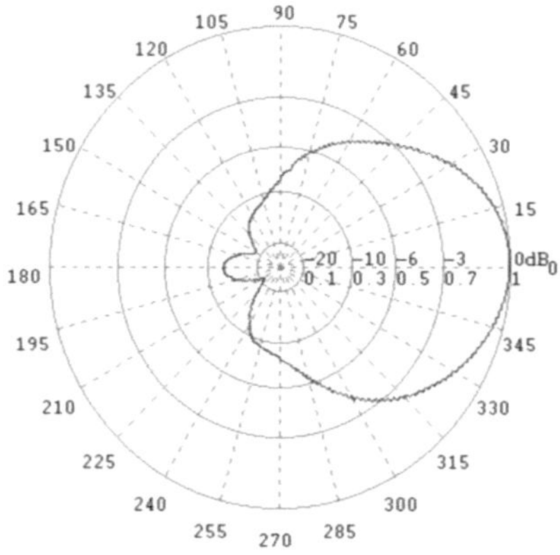

Abbildung 14: Vertikaldiagramm der Hornantenne bei 1 GHz

Eng mit der Richtcharakteristik einer Antenne verbunden ist der Richtfaktor sowie der Antennengewinn. Der Richtfaktor, auch als Direktivität bezeichnet, ist ein Maß für die Richtwirkung einer Antenne und als Verhältnis der maximalen Strahlungsdichte zur mittleren Strahlungsdichte definiert [11]:

$$D = \frac{\text{maximale Strahlungsdichte der Antenne}}{\text{Strahlungsdichte eines isotropen Kugelstrahlers}} = \frac{S_{\max}}{S_{iso}} \tag{3-21}$$

Die maximale Strahlungsdichte tritt im Maximum der Hauptkeule einer Antenne auf, die mittlere Strahlungsdichte berechnet sich über die Mittelung der Strahlungsdichte über die Oberfläche einer Hüllkugel im Fernfeld der Antenne. Der Richtfaktor gibt an, um welchen Faktor eine Antenne stärker in die Hauptstrahlrichtung abstrahlt, als ein isotroper Kugelstrahler bei gleicher Sendeleistung.

In vielen Fällen ist es hinreichend genau, wenn die verwendete Antenne als verlustlos angesehen wird. Reale Antennen weisen jedoch einen Wirkungsgrad $\eta < 1$ auf, so dass nicht die gesamte in die Antenne eingespeiste Leistung auch in Form einer elektromagnetischen Welle abgestrahlt wird. Der Antennengewinn berücksichtigt den Wirkungsgrad und ist definiert als:

$$G = \eta \cdot D = \eta \cdot \frac{S_{max}}{\langle S \rangle} \quad (3\text{-}22)$$

Der Antennengewinn gibt an, um welchen Faktor eine verlustbehaftete Antenne stärker in die Hauptstrahlrichtung abstrahlt, als ein (verlustloser) isotroper Kugelstrahler es bei gleicher Eingangsleistung täte.

Für die Beschreibung der Empfangseigenschaften eignet sich die Antennenwirkfläche A_W. Die Antennenwirkfläche verknüpft die von einer Antenne an den Empfänger abgegebene Leistung P_E mit der am Ort der Antenne vorherrschenden Leistungsdichte S:

$$P_E = A_W \cdot S \quad (3\text{-}23)$$

Bei der Betrachtung einer Übertragungstrecke, etwa der Signalübertragung zwischen zwei Antennen, aber auch bei der Einkopplung strahlungsgebundener Energie in Schirmgehäuse spielt die Polarisation der einfallenden Welle, also die Orientierung der Feldvektoren im Raum, eine große Rolle. Entspricht die Polarisation der Empfangsantenne nicht der der einfallenden Welle, tritt ein sogenannter Polarisationsverlust auf. Ausgedrückt wird dieser Verlust durch den Polarisationswirkungsgrad. Sind $\vec{e}_w$ und $\vec{e}_a$ die Einheitsvektoren des elektrischen Feldstärkevektors der einfallenden Welle bzw. der Antenne und ψ_P der Winkel zwischen diesen Vektoren, so berechnet sich der Polarisationswirkungsgrad η_P zu [24]:

$$\eta_P = \left|\vec{e}_w \cdot \vec{e}_a^{\,*}\right|^2 = \left|\cos\psi_P\right|^2 \qquad (3\text{-}24)$$

Sind Empfangsantenne und einfallende Welle gleich polarisiert, so ist der Winkel zwischen den Einheitsvektoren 0°, der Polarisationswirkungsgrad 1, es treten keine Verluste auf. Sind die Polarisationen zwischen einfallender Welle und Empfangsantenne um 45° gedreht, so beträgt der Polarisationsverlust ½ oder $10\log_{10}(½) = 3$ dB. Bei linearen Polarisationen, die senkrecht aufeinander stehen, wird der Polarisationswirkungsgrad zu 0, so dass in der Theorie keine Energie übertragen wird. Praktisch liegt die Dämpfung allerdings im Bereich von 20-40 dB, da die Polarisationsentkopplung realer Antennen endlich ist [11].

Die Umgebung einer Antenne wird in drei Bereiche eingeteilt: Das reaktive Nahfeld, das abgestrahlte Nahfeld, oft auch als Übergangszone (Fresnel-Zone) bezeichnet, und das Fernfeld (Fraunhofer-Zone). Die Zonen dienen der Charakterisierung der Feldeigenschaften in dem jeweiligen Gebiet. Der Übergang zwischen den Zonen ist fließend.

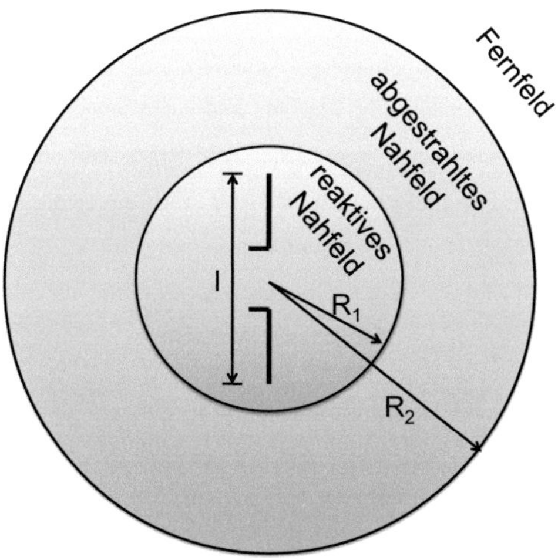

Abbildung 15: Feldzonen einer Antenne [24]

Das Nahfeld beschreibt die Zone in der direkten Umgebung der Antenne. Es wird in das reaktive und das abstrahlende Nahfeld unterteilt. Die Größe der Zonen ist von der Frequenz und den Abmessungen der Antenne abhängig. Die äußere Grenze R_1 des reaktiven Nahfeldes wird in [24] mit

$$R_1 \leq 0{,}62\sqrt{D^3/\lambda} \tag{3-25}$$

angegeben, wobei D die längste Abmessung der Antenne und λ die Wellenlänge ist. Der IEEE[12] definiert diese Zone als den Bereich, in dem das reaktive Feld dominiert [19]. Als reaktiv werden elektrische und magnetische Felder bezeichnet, deren elektromagnetische Energie lokal begrenzt fließt, ohne sich über größere Entfernungen auszubreiten. Der reaktive Teil des Nahfeldes hat seine Ursache in den Ladungen auf der Antenne (elektrisches Feld) und den Strömen durch die Antennenstruktur (magnetisches Feld).

Als abgestrahltes Nahfeld wird die Zone zwischen dem reaktiven Nahfeld und dem Fernfeld bezeichnet. Ihre äußere Grenze R_2 ist wie folgt definiert [11], [24]:

$$R_2 \leq \frac{2D^2}{\lambda}, \text{für } D >> \lambda, \quad \text{sonst } R_2 = 2\lambda \tag{3-26}$$

Im abgestrahlten Nahfeld dominiert das abgestrahlte Feld gegenüber dem reaktiven Feld der Antenne. Die Polarisation des Feldes ist stark vom Abstand zur Antenne abhängig. Es können nennenswerte Feldkomponenten in Ausbreitungsrichtung (radial) auftreten.

Das Fernfeld einer Antenne beginnt außerhalb des Nahfeldes und reicht bis ins Unendliche. Die Polarisierung des Feldes ist unabhängig vom Abstand zur Antenne und der elektrische Feldstärkevektor steht senkrecht auf dem magnetischen Feldstärkevektor und ist in Phase mit ihm. Es gibt keine radialen Feldkomponenten und das Verhältnis von elektrischem zu magnetischem Feld wird über den Freifeldwellenwiderstand ausgedrückt. Abbildung 16 stellt den Feldwellenwiderstand als Funktion des Abstandes zur Antenne und der betrachteten Wellenlänge dar.

[12] IEEE: Institute of Electrical and Electronics Engineers, Berufsverband von Ingenieuren

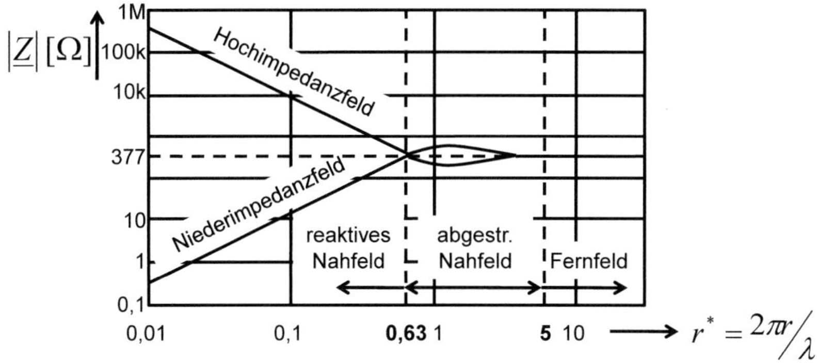

Abbildung 16: Feldwellenwiderstand als Funktion des Abstandes zur Antenne nach [25]

Mit Hilfe der vorgestellten Antennenparameter ist es möglich, die von einer Sendeantenne abgestrahlten Feldstärken in Abhängigkeit der Speiseleistung zu bestimmen und somit beispielsweise eine Abschätzung des Störpotentials am Ort eines anderen elektronischen Systems vorzunehmen.

4 Schirmung

Im Bereich der EMV ist die Schirmung elektrischer und magnetischer Felder ein wesentlicher Aspekt [25]. Auf Systemebene erfüllen elektromagnetische Schirme gleichzeitig die Rolle des Gehäuses für das zu schirmende System. Die Schirmwirkung ist reziprok, das heißt es ist unerheblich, ob die Feldquelle sich im Schirminneren oder außerhalb des Schirmes befindet. Trifft ein elektrisches oder magnetisches Feld auf einen elektrisch leitfähigen Schirm, so werden im Schirm Ladungen influenziert oder Ströme induziert, deren elektrische und magnetische Felder sich mit denen des ursprünglichen Feldes überlagern und dieses teilweise kompensieren. Ein elektromagnetischer Schirm dient dazu, elektromagnetische Felder innerhalb oder außerhalb eines bestimmten Bereichs zu schwächen, er wirkt dämpfend auf die Feldkopplung zwischen Störquelle und –senke. Der Schirm kann dabei um eine Störsenke oder eine Störquelle installiert werden, wie Abbildung 17 zeigt.

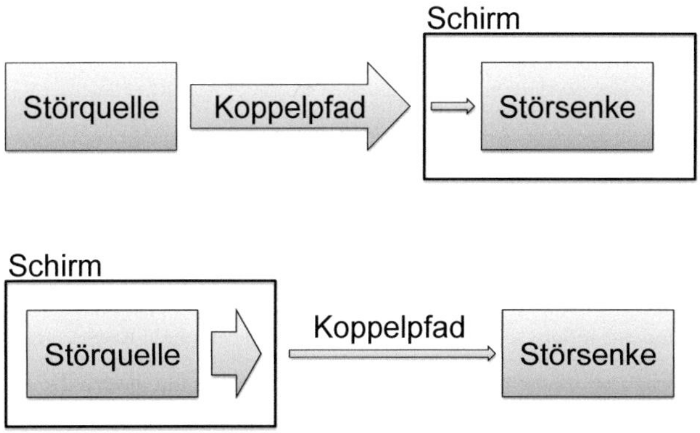

Abbildung 17: Einfluss eines elektromagnetischen Schirms auf den Koppelpfad [21]

Im Flugzeugbau sind elektromagnetische Schirme von besonders großer Bedeutung. Sie schützen die oft sensible Elektronik der Flugzeugsysteme vor den störenden Umwelteinflüssen, denen diese Systeme während des Betriebs ausgesetzt sind. Somit tragen sie wesentlich zu deren Zuverlässigkeit bei.

4.1 Schirmdämpfung

Ein elektromagnetischer Schirm dient der Dämpfung elektromagnetischer Felder. Als Maß für die Schirmwirkung ist der Schirmfaktor Q für das elektrische (Index e) und das magnetische Feld (Index m) wie folgt definiert [7], [21], [25]:

$$\underline{Q}_e = \frac{\underline{E}_1}{\underline{E}_0} \tag{4-1}$$

$$\underline{Q}_m = \frac{\underline{H}_1}{\underline{H}_0} \tag{4-2}$$

.

Der Schirmfaktor gibt demnach das in der Regel komplexwertige Verhältnis der Feldstärke in Anwesenheit des Schirmes (Index 1) zur Feldstärke in Abwesenheit des Schirmes (Index 0) an. In den meisten Anwendungsfällen ist nur der Betrag a der Schirmdämpfung von Interesse, der in der Regel in dB angegeben wird:

$$a = 20\log_{10}\frac{1}{|\underline{Q}|} \tag{4-3}$$

.

Bei den Untersuchungen dieser Arbeit befinden sich die betrachteten Wellenlängen allesamt in der Größenordnung der beaufschlagten Strukturen, so dass eine quasistatische Betrachtung der Phänomene nicht mehr möglich ist. Das einfallende elektrische Feld bewirkt nach Formel (3-7) in der elektrisch leitfähigen Schirmwand Wirbelströme, die ihrerseits mit einem magnetischen Feld verknüpft sind. Da dieses Feld zeitlich veränderlich ist, bewirkt es nach dem Induktionsgesetz ein elektrisches Wirbelfeld, welches dem einfallenden Feld entgegenwirkt. Die durch die elektrischen Wirbelfelder entstehenden Verschiebungsströme sind gegenüber den Wirbelströmen im Schirmmaterial nicht mehr vernachlässigbar und erzeugen ihrerseits wieder ein magnetisches Feld. Zusammen mit dem sich durch das elektrische Wirbelfeld bildenden Magnetfeld ist so die reflektierte Welle entstanden, der Schirm wird so selbst zu einer Strahlungsquelle [25]. Im eingeschwungenen Zustand überlagern sich die einfallende und die reflektierte elektromagnetische Welle, am Ort der Schirmwand heben sich die elektrischen Feldstärken gegenseitig auf.

Wenn die Wellenlänge des betrachteten Signals in der Größenordnung des Schirmgehäuses liegt, zeigt sich, dass das Schirmgehäuse als Hohlraumresonator angesehen werden muss. Im Resonanzfall bricht die Schirmwirkung stark ein [25].

4.2 Diskontinuitäten im Schirm (Aperturkopplung)

Ein idealer elektromagnetischer Schirm ist eine Hülle, die komplett geschlossen und maximal leitfähig ist. Diese Anforderungen können technisch nicht ideal umgesetzt werden. Schirmgehäuse werden oftmals aus mehreren Teilen gefertigt, wodurch Spalte entstehen können, durch die elektromagnetische Felder in das Schirminnere einkoppeln können. Neben diesen ungewollt entstehenden Koppelpfaden werden auch bewusst Aperturen in den Schirm eingebracht, beispielsweise um eine Luftzirkulation zur Kühlung der elektronischen Komponenten im Gehäuse zu ermöglichen.

Die Kopplung durch schlitzförmige Aperturen ist stark von der Polarisierung der einfallenden Welle abhängig. Die Schirmwirkung kommt durch das elektromagnetische Gegenfeld, welches die im Schirm induzierten Wirbelströme erzeugen, zu Stande. Wenn sich diese Wirbelströme nicht frei ausbilden können, weil der Schirm durch eine Apertur unterbrochen ist, müssen diese einen anderen Strompfad nehmen, wie es in Abbildung 18 und Abbildung 19 gezeigt ist. Das einfallende Feld kann nicht mehr über die gesamte Fläche kompensiert werden, die Schirmwirkung nimmt ab. Dieser Effekt ist bei Aperturen, die quer zum elektrischen Feldstärkevektor der einfallenden Welle stehen, maximal ausgeprägt, da hier die Wirbelströme die stärkste Ablenkung erfahren.

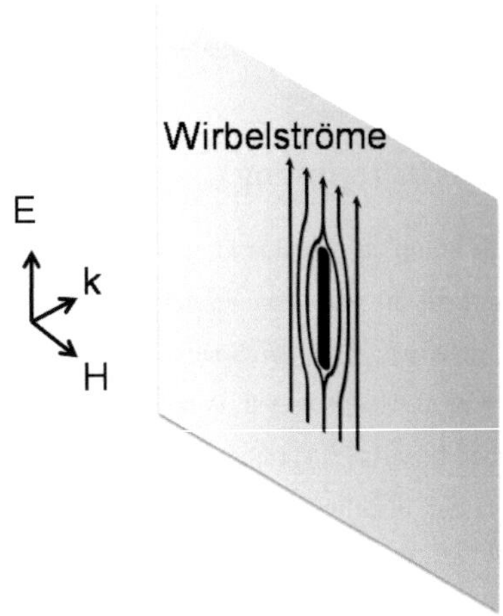

Abbildung 18: Wirbelströme um einen Schlitz, elektrischer Feldstärkevektor parallel zum Schlitz

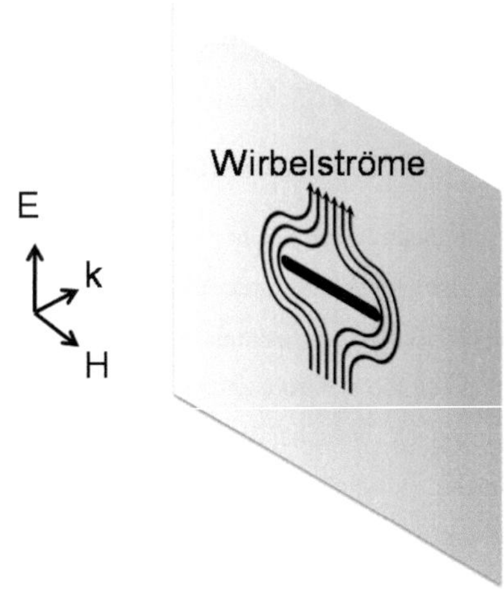

Abbildung 19: Wirbelströme um einen Schlitz, elektrischer Feldstärkevektor senkrecht zum Schlitz

4.2.1 Elektrisch kleine Aperturen

Die Einkopplung durch Aperturen kann, wenn diese klein im Verhältnis zur betrachteten Wellenlänge sind, mit Hilfe elektrischer und magnetischer Ersatzdipole beschrieben werden [7], [21]. Das resultierende Feld hinter einer leitenden Wand mit einer elektrisch kleinen Apertur setzt sich aus dem Feld, das sich ergeben würde, wenn die Apertur nicht vorhanden wäre, und den Feldern eines elektrischen und eines magnetischen Dipols zusammen. Diese Dipole befinden sich in der Mitte der Apertur, wobei der elektrische Dipol senkrecht zur Wand und der magnetische Dipol parallel zur Wand steht. In der Literatur sind zahlreiche Beispiele zur Berechnung der Polarisierbarkeit der Dipole und der daraus resultierenden Feldstärken für verschiedene Aperturgeometrien gegeben ([21], [26], [27]). Für den Fall, dass die Apertur schlitzförmig ist, also nicht rotationssymmetrisch, wird die Polarisierung der einfallenden Welle berücksichtigt. An dieser Stelle wird auf eine detailliertere Darstellung bewusst verzichtet, da elektrisch kleine Aperturen nicht Gegenstand der nachfolgenden Untersuchungen sind, sie sollen nur der Vollständigkeit halber aufgeführt werden.

4.2.2 Elektrisch große Aperturen

Sobald die Wellenlänge nicht mehr deutlich größer ist als die Abmessung der Apertur, ändern sich die Verhältnisse der Kopplung grundlegend. Der Schlitz kann sich bei entsprechender Anregung wie ein $\lambda/2$-Dipol verhalten und in Resonanz versetzt werden. Die Apertur wirkt dann wie eine Antenne, die ins Innere des Schirmes abstrahlt. Zusammen mit den Hohlraumresonatoreigenschaften des Schirmgehäuses kann dies zu einer erheblichen Reduzierung der Schirmwirkung führen, im Extremfall tritt eine negative Schirmwirkung, also eine Verstärkung der Feldstärke im Gehäuse, auf.

In [28] wird ein Überblick über verschiedene Verfahren, die Schirmwirkung eines quaderförmigen Schirmgehäuses mit einer schlitzförmigen Apertur zu berechnen, gegeben. Es werden Berechnungsverfahren aus [29], [30] und [31] gegenübergestellt, wobei die beiden erstgenannten Verfahren nur eine grobe Näherung darstellen. Die größte Übereinstimmung wird mit dem Rechenverfahren nach [31] erzielt.

In [32] wird erstmals ein Verfahren vorgestellt, das es erlaubt, die Schirmdämpfung quaderförmiger Schirmgehäuse mit einer mittig in der Frontplatte positionierten rechteckigen Apertur analytisch in Abhängigkeit der Frequenz zu berechnen. Dabei wird angenommen, dass der elektrische Feldstärkevektor der einfallenden Welle senkrecht auf dem Schlitz steht. Das Modell berücksichtigt die Anregung der TE_{10}–Mode im Gehäuseinneren und erlaubt es, die Schirmwirkung auf einer Achse mittig der Apertur von der Front- zur Rückplatte zu berechnen.

Um die Schirmdämpfung des Gehäuses, dessen Maße Abbildung 20 zu entnehmen sind, zu berechnen, wird ein Ersatzschaltbild für die Anordnung aufgestellt (Abbildung 21).

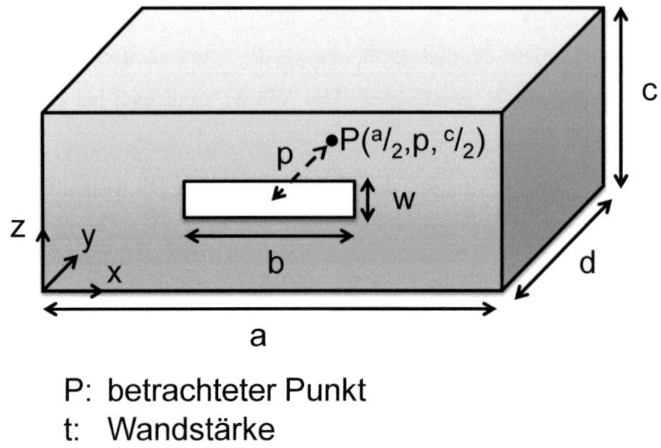

Abbildung 20: Abmessungen des Schirmgehäuses

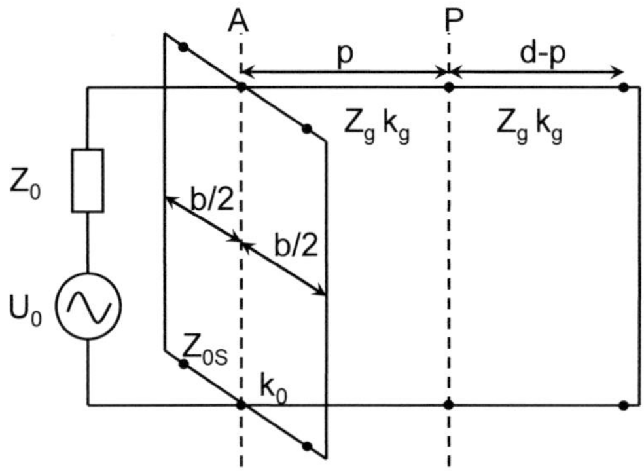

Abbildung 21: Ersatzschaltbild zur Berechnung der Schirmwirkung eines geschlitzten Gehäuses [32]

Die einfallende Welle wird durch eine ideale Spannungsquelle U_0 und den Innenwiderstand Z_0, der gleich dem Fernfeldwellenwiderstand ist, repräsentiert. Das Gehäuse wird als kurzgeschlossener Wellenleiter betrachtet, der die charakteristische Impedanz Z_g und die Ausbreitungskonstante k_g hat. Für den Fall einer H_{10}-Mode ergibt sich für Z_g gemäß Formel (3-16):

$$\underline{Z}_g^H = \frac{Z_0}{\sqrt{1-(\lambda/2a)^2}} \quad . \tag{4-4}$$

Für k_g gilt nach Formel (3-17):

$$\underline{k}_g = k_0 \sqrt{1 - (\frac{\lambda}{2a})} \quad \text{(4-5)}$$

Die Apertur mit den Frontplattenelementen ober- und unterhalb der Apertur wird als Koplanarleitung interpretiert, die links und rechts der Apertur kurzgeschlossen ist. Die Impedanz einer Koplanarleitung wird nach [33] zu

$$Z_{0S} = 120\pi^2 \left[\ln\left(2 \frac{1+\sqrt[4]{1-k_e^2}}{1-\sqrt[4]{1-k_e^2}} \right) \right]^{-1} \quad \text{(4-6)}$$

bestimmt, wobei $k_e = w_e/b$ ist. Die effektive Breite des Schlitzes w_e berechnet sich nach [34] zu:

$$w_e = w - \frac{5t}{4\pi} \left(1 + \ln \frac{4\pi w}{t} \right) \quad \text{(4-7)}$$

Mit der nun bekannten Impedanz der Apertur können die Kurzschlüsse an den Enden der Apertur mit zur Impedanz Z_{ap} am Punkt A transformiert werden, es ergibt sich das in Abbildung 22 dargestellte Ersatzschaltbild.

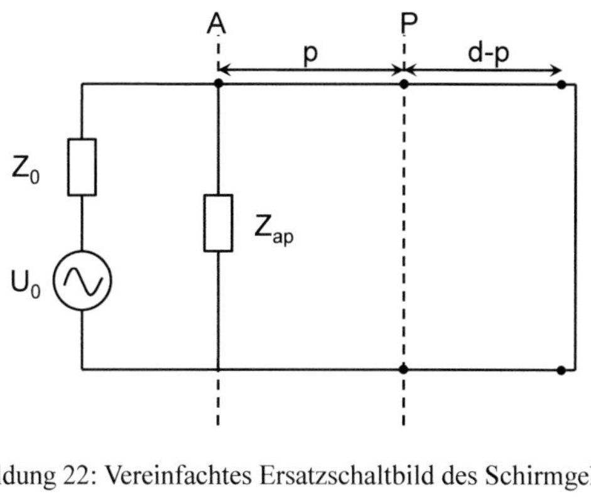

Abbildung 22: Vereinfachtes Ersatzschaltbild des Schirmgehäuses

Mit der Transformation der Widerstände Z_0 und Z_{ap} sowie des Kurzschlusses des Wellenleiters, also der Rückwand des Gehäuses, an den betrachteten Punkt P lässt sich die gesamte Anordnung als Widerstandsnetzwerk betrachten. Am Punkt P lässt sich dann die

Spannung U_P über die Spannungsteilerregel berechnen. In Abwesenheit des Schirmgehäuses ist der „Lastwiderstand“ am Punkt P gleich dem Fernfeldwellenwiderstand Z_0, so dass die Spannung U_P‘ sich wie folgt berechnen lässt:

$$U_P' = \frac{1}{2} U_0 \tag{4-8}$$

.

Die Schirmwirkung Q ergibt sich aus dem Verhältnis der Spannungen U_P und U_P‘:

$$Q = -20 \log_{10}\left(\left|\frac{U_P}{U_P'}\right|\right) = -20 \log_{10}\left(\left|\frac{2U_P}{U_0}\right|\right) \tag{4-9}$$

.

Mit diesem Verfahren lassen sich die Schirmwirkungen einfacher Gehäuse mit einer rechteckigen Apertur leicht abschätzen und gewonnene Messdaten verifizieren.

5 Ausbreitungsbedingungen in der Flugzeugkabine

Die elektromagnetische Wechselwirkung von der Bordelektronik als Störsenke mit den TPEDs als potentielle Störquellen ist maßgeblich von dem Koppelpfad beeinflusst. Bei der Betrachtung von Funkkommunikationssystemen wird der Koppelpfad im Wesentlichen durch die Ausbreitungsbedingungen der elektromagnetischen Wellen in der Flugzeugkabine beschrieben.

Die Flugzeugkabine stellt hierbei eine äußerst komplexe Umgebung für die elektromagnetische Wellenausbreitung dar. An den elektrisch leitfähigen Strukturen wie der Flugzeughülle sowie an Elementen des Kabinenausbaus werden die sich ausbreitenden elektromagnetischen Wellen reflektiert. Durch die Mehrwegeausbreitung entstehen Überlagerungen verschiedener Wellenfronten und es kommt zu Interferenzerscheinungen. Materialien mit einer komplexen relativen Dielektrizität sowie Materialien mit geringer Leitfähigkeit bewirken Verluste, die sich dämpfend auf die Feldausbreitung auswirken. Ein Teil der elektromagnetischen Energie, die in die Kabine eingespeist wird, wird durch die Fensteröffnungen sowie Spalte um die Tür aus der Kabine entweichen. Die zu berücksichtigenden Randbedingungen sind also sehr vielschichtig und zum Teil schlecht einzuschätzen, weil viele der im Kabinenausbau verwendeten Materialien nicht in Hinsicht auf hochfrequente elektromagnetische Felder spezifiziert sind.

Da die Dimensionen einer Kabine um ein Vielfaches über der betrachteten Wellenlänge liegen und die hochfrequenzrelevanten Eigenschaften zahlreicher Materialien im Kabinenausbau nicht bekannt sind, ist eine realitätsnahe Simulation der elektromagnetischen Wellenausbreitung in der Kabine, wenn überhaupt, nur mit unverhältnismäßig großem Aufwand möglich. Eine FDTD[13]-Simulation für ein Flugzeug mit 300 Sitzen kann beispielsweise auf einem Clusterrechner mit 720 GB Speicher durchgeführt werden [35]. Für eine solche Simulation müssen zahlreiche Näherungen und Vereinfachungen in Kauf genommen werden. Ob diese Zugeständnisse das Simulationsergebnis signifikant beeinflussen, kann nur anhand einer Messung validiert werden. Im Rahmen dieser Arbeit wird

[13] FDTD: Finite Difference Time Domain, Finite Differenzenmethode im Zeitbereich, ein Verfahren zur Integration zeitabhängiger Differentialgleichungen

daher die Simulation der Ausbreitungseffekte nicht weiter verfolgt, sondern eine messtechnische Erfassung der Ausbreitungseffekte mit hoch ortsaufgelösten Feldmessungen in einem Kabinennachbau eines Airbus A380 realisiert.

Ziel dieser Untersuchungen ist es, die elektromagnetischen Bedingungen in der Kabine einschätzen zu können und diese in Relation zu Ausbreitungsbedingungen unter Freifeldbedingungen zu setzten. Auf diese Weise ist es möglich, den Einfluss der Flugzeugkabine auf die von den TPEDs abgestrahlten Störfelder zu beurteilen und so die Höhe der Prüffeldstärken für die Bordelektronik besser definieren zu können.

5.1 Elektromagnetische Feldausbreitung

Um die in einer Flugzeugkabine auftretenden Interferenzen elektromagnetischer Wellen beurteilen zu können, wurden im CITR[14] eines Airbus A380 Scans des von einer bikonischen Breitbandantenne [36] abgestrahlten elektrischen Feldes unter verschiedenen Randbedingungen durchgeführt. Die Messung des elektrischen Feldes ist mit einer optisch gekoppelten dreidimensionalen Feldsonde [37] durchgeführt worden. Für zwei Sendeantennenpositionen wird jeweils in einem Gebiet von 1 m^2 in direkter Nähe zur Antenne das elektrische Feld bei verschiedenen Frequenzen von 900 MHz bis 2,4 GHz vermessen. Anhand dieser Messungen ist es möglich, eine Aussage über die Feldverteilung innerhalb einer Flugzeugkabine zu treffen und so Rückschlüsse auf die Wellenausbreitung im Kabineninneren zu ziehen. Von besonderem Interesse ist der Vergleich der Ausbreitungsbedingungen mit der Feldverteilung im Freifeld, da so eine direkte Abschätzung der Risiken der Systemsicherheit aus Sicht der EMV möglich ist.

In Abbildung 23 ist der Messaufbau schematisch skizziert. Die Bikonusantenne wird von einem Signalgenerator über einen Breitbandverstärker gespeist. Die in die Antenne eingespeiste Leistung (Vorwärtsleistung) wird mit einem Leistungsmessgerät über einen Richtkoppler gemessen. Die Messsondenpositionierung und die Messwertaufnahme erfolgt automatisiert mit Hilfe eines Drei-Achs- Scannersystems [38], [39] und eines Notebooks.

---

[14] CITR: Cabin Integration Test Rig, Nachbau eines Teils einer Flugzeugkabine in Originalgröße für verschiedene Zwecke

Sowohl die Sendeantenne als auch die Messsonde befinden sich 1,20 m über dem Kabinenboden. Die Sendeantenne wird einmal mittig in der Kabine aufgestellt, die Messebene liegt dabei unterhalb der Treppe zum Oberdeck (Position 1). Bei der zweiten Messposition ist die Antenne dicht an der elektrisch leitfähigen Außenhülle positioniert, die Messebene liegt vor der ersten Sitzreihe in direkter Nähe zur Antenne (Position 2).

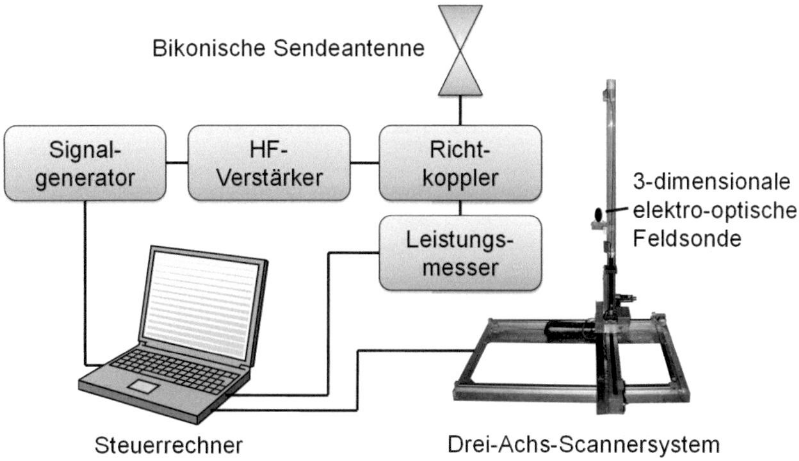

Abbildung 23: Schematischer Messaufbau zur ortsaufgelösten Feldstärkemessung

Die Sendeantennenpositionen sind in Abbildung 24 als Punkte dargestellt, die Messebenen sind grau schattiert. Der maximale Abstand zwischen zwei Messpunkten beträgt 1/10 der Wellenlänge des erzeugten Feldes, so dass eine verlässliche Abtastung lokaler Feldstärkemaxima und –minima gewährleistet ist. Die Feldstärkemessungen werden für 900 MHz, 1,4 GHz, 1,8 GHz und 2,4 GHz durchgeführt. In Abbildung 25 und Abbildung 26 sind die Messanordnungen im Detail zu erkennen.

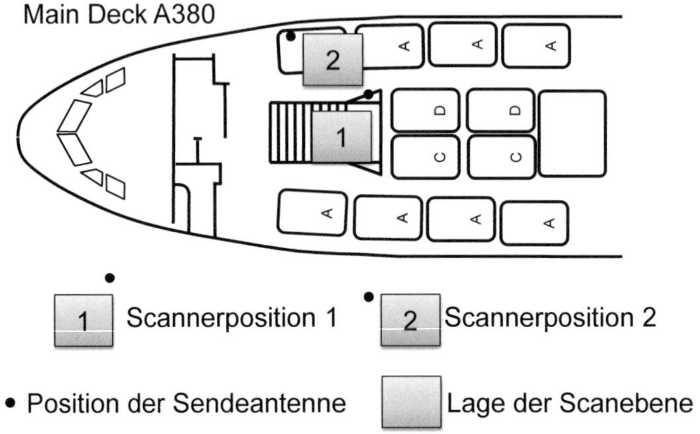

Abbildung 24: Anordnung der elektrischen Feldstärkemessung innerhalb des CITR

Abbildung 25: Position 1 im CITR

Abbildung 26: Position 2 im CITR

In den folgenden Abbildungen sind die Messergebnisse exemplarisch für die Messung bei 900 MHz und 1,8 GHz für die beiden Messpositionen grafisch dargestellt. Die x- und y-Achse stellen die Dimensionen der Messebene in m dar, wobei die Sendeantennenposition jeweils mit einem Kreuz in den Diagrammen dargestellt ist. Über der x- und y-Achse ist auf der dritten Achse die gemessene resultierende elektrische Gesamtfeldstärke aufgetragen, berechnet nach

$$E_{ges} = \sqrt{E_x^{\ 2} + E_y^{\ 2} + E_z^{\ 2}} \quad (5\text{-}1)$$

.

Die Farbskala repräsentiert ebenso wie die dritte Achse den Betrag der elektrischen Gesamtfeldstärke.

Aus den Diagrammen werden die Interferenzerscheinungen ersichtlich, die durch die Überlagerung der sich ausbreitenden Wellen entstehen. Der Abstand zweier benachbarter Feldstärkemaxima beträgt die Hälfte der Wellenlänge der Messfrequenz. Weiterhin zeigt sich, dass die elektrische Feldstärke in der direkten Umgebung der Antenne am höchsten ist und tendenziell mit zunehmendem Abstand zur Antenne abnimmt, also einer Dämpfung unterliegt.

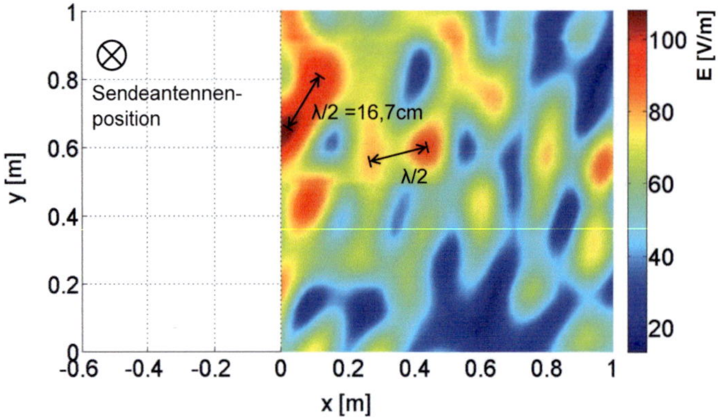

Abbildung 27: Verteilung des elektrischen Feldes bei 900 MHz, Position 1

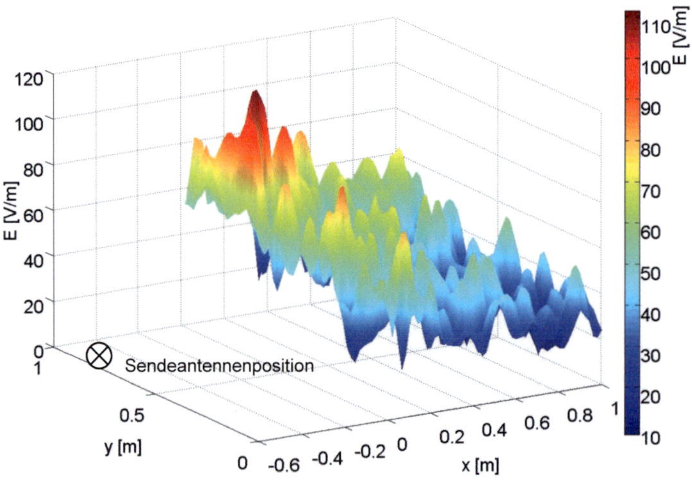

Abbildung 28: Verteilung des elektrischen Feldes bei 1,8 GHz, Position 1

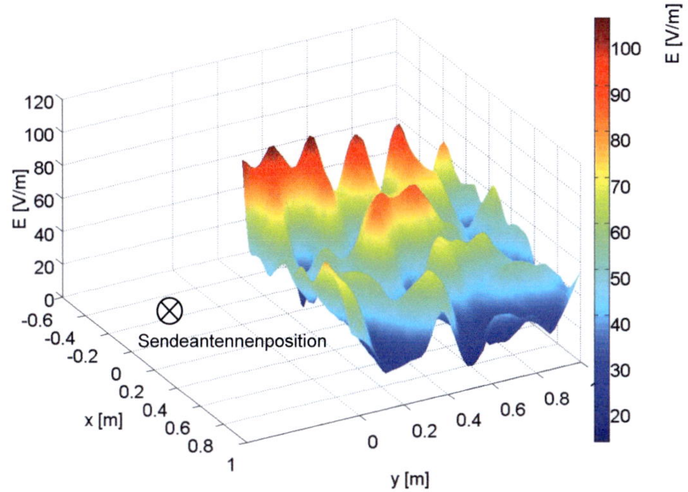

Abbildung 29: Verteilung des elektrischen Feldes bei 900 MHz, Position 2

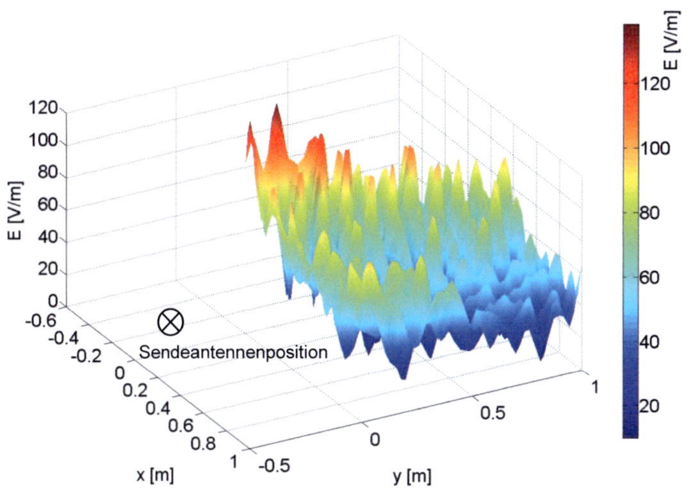

Abbildung 30: Verteilung des elektrischen Feldes bei 1,8 GHz, Position 2

In den nachfolgenden Darstellungen wird mehrheitlich auf die Darstellung der Ergebnisse für alle betrachteten Frequenzen verzichtet, da diese sich sehr stark ähneln, lediglich der Abstand zwischen den Feldstärkemaxima ist als frequenzabhängige Größe unterschiedlich. Ohne die Aussagekraft der Ergebnisse zu schwächen, werden exemplarisch die Ergebnisse für die Messung bei 1,8 GHz gezeigt.

Für eine Bewertung der strahlungsgebundenen elektromagnetischen Bedingungen in der Flugzeugkabine ist es zweckmäßig, die Bedingungen in der Kabine mit denen unter Freifeldbedingungen zu vergleichen.

Die Abstrahlung des für die Messungen genutzten bikonischen Breitbanddipoles lässt sich mit dem vom Hersteller zur Verfügung gestellten Antennengewinn in einer Ebene senkrecht zur Antenne für jeden Punkt der Messebene berechnen [11]:

$$E = \sqrt{\frac{P \cdot G \cdot Z_0}{4\pi r^2}} \tag{5-2}$$

Die zu erwartende elektrische Feldstärke E [V/m] berechnet sich demnach in Abhängigkeit der in die Antenne eingespeisten Leistung P [W], dem (linearen) Antennengewinn G, dem Fernfeldwellenwiderstand Z_0 [Ω] und dem Abstand zur Antenne r [m]. Diese Berechnung stimmt mit Messdaten, die mit der Antenne in einer Absorberhalle aufgenommen wurden, überein, wie Abbildung 31 zeigt.

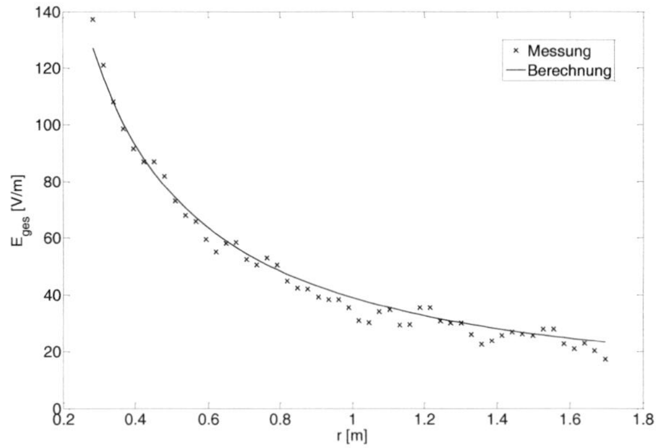

Abbildung 31: Vergleich von Messung und Berechnung des elektrischen Feldes der Bikonusantenne [36] bei 1,8 GHz

Um die verschiedenen Ausbreitungsbedingungen vergleichen zu können, werden die Feldstärkewerte in Relation zueinander gesetzt. Das Verhältnis R zwischen der Feldverteilung unter Fernfeldbedingungen und der Verteilung in der Flugzeugkabine berechnet sich in dB wie folgt:

$$R = 20\log_{10}\left(\frac{E_{Kabine}}{E_{Freifeld}}\right) \tag{5-3}$$

.

Abbildung 32 zeigt das Verhältnis R der Messung an Position 1 bei 1,8 GHz ortsaufgelöst über der Messebene.

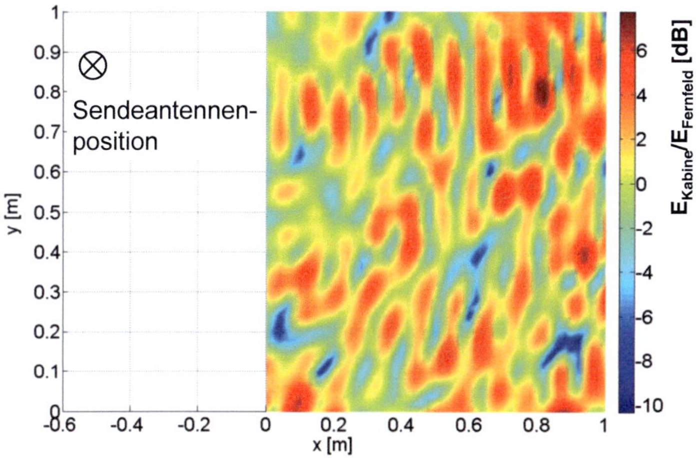

Abbildung 32: Vergleich der in der Kabine bei 1,8 GHz gemessenen elektrischen Feldstärke mit der elektrischen Feldstärke unter Fernfeldbedingungen

Legt man nun gedanklich konzentrische Ringe mit Radien ganzzahliger Vielfache der betrachteten Wellenlänge um die Sendeantenne, so lässt sich die Messebene in unterschiedliche Gebiete einteilen. Im Gebiet zwischen jeweils zwei benachbarten Ringen lässt sich immer ein Feldstärkemaximum finden. Dieses Maximum wird nun, wie bereits beschrieben, in Relation zur Fernfeldstärke gesetzt, sowie in Relation zur in der gesamten Messebene ermittelten maximalen Feldstärke.

Abbildung 33 zeigt genau diese Verhältnisse: Auf der linken Ordinate ist die maximale Feldüberhöhung im Vergleich zu Fernfeldbedingungen aufgetragen. Es ist ersichtlich, dass die Feldüberhöhung mit dem Abstand zur Sendeantenne zunimmt, also in Bereichen zu finden ist, an denen die absolute Feldstärke deutlich niedriger ist als in der direkten Umgebung der Antenne. Dies spiegelt auch die Darstellung der auf die maximal gemessene Feldstärke bezogenen elektrischen Feldstärke im betrachteten Abstand von der Sendeantenne (rechte Ordinate) wieder. Während die Feldüberhöhung gegenüber Freifeldbedingungen mit steigendem Abstand zur Sendeantenne um bis zu 10 dB zunimmt, fällt in dem betrachteten Gebiet die absolute Feldstärke um mehr als 5 dB.

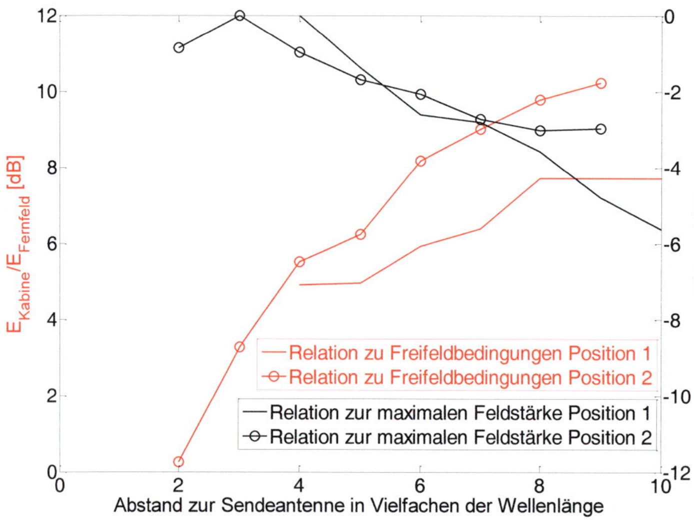

Abbildung 33: Vergleich der im CITR gemessenen elektrischen Feldstärke im Vergleich zu Fernfeldbedingungen bzw. der maximal auftretenden Feldstärke, f = 1,8 GHz

Dieses Verhalten lässt sich für alle untersuchten Frequenzen nachweisen, wie es in Abbildung 34 dargestellt ist.

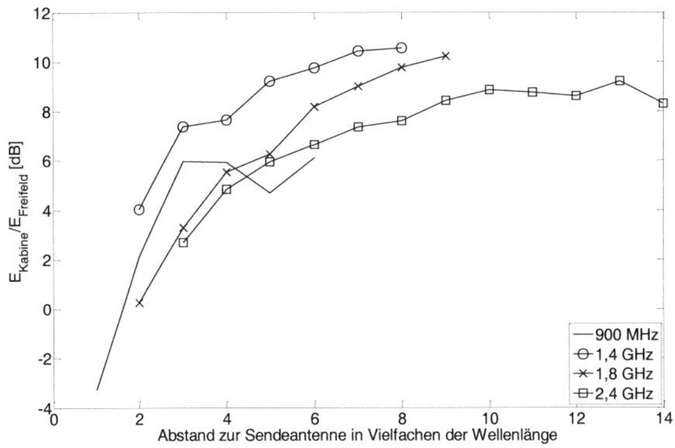

Abbildung 34: Maximale Feldüberhöhung in der Kabine im Vergleich zu Fernfeldbedingungen in Abhängigkeit des Abstandes zur Sendeantenne und der Frequenz an Messposition 2

Übertragen auf das Störpotential von TPEDs, die in der Flugzeugkabine betrieben werden, führen die vorgestellten Messungen zu dem Schluss, dass das größte absolute Störpotential in der direkten Nähe des sendenden Gerätes liegt. Die absoluten Störpegel, die für die EMV-Prüfung von elektronischen Geräten zu Grunde gelegt werden, sollten sich daher an den zu erwartenden Feldstärken, die in der Nähe eines TPEDs auftreten, orientieren. Diese sind im Wesentlichen von der maximalen Sendeleistung und der Antennenbauweise des TPEDs abhängig.

Bei Aperturkopplungen in Schirmgehäuse ändert sich die Schirmwirkung von nicht rotationssymmetrischen Aperturen gegen äußere elektromagnetische Felder mit der Polarisierung der einfallenden Welle. Während der Messreihen in der Flugzeugkabine war die Sendeantenne stets vertikal ausgerichtet, was einer vertikalen Polarisierung des elektrischen Feldes (E_z) entspricht. In Tabelle 2 und Tabelle 3 ist die Auswertung der Messdaten für 1800 MHz nach den einzelnen Feldkomponenten E_x, E_y und E_z dargestellt. Durch die vielfachen Reflexionen innerhalb der Kabine wird die Polarisierung der sich ausbreitenden Welle gedreht, neben der dominierenden vertikalen Ausrichtung (E_z) haben auch die beiden anderen Feldkomponenten Dimensionen erreicht, die nicht zu vernachlässigen sind. Die maximal auftretenden Feldstärken in den nicht direkt angeregten Polarisierungen liegen etwa um den Faktor 2 (6 dB) unter den Maximalwerten in der Richtung der Polarisierung der Antenne.

<table>
<tr><td>E_x [V/m]</td><td>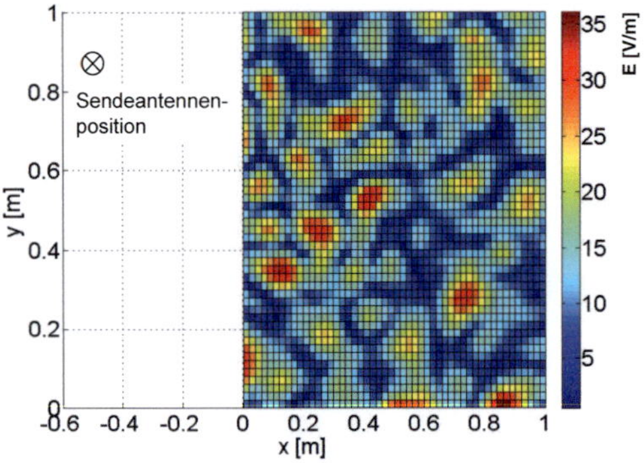
</td></tr>
<tr><td>E_y [V/m]</td><td>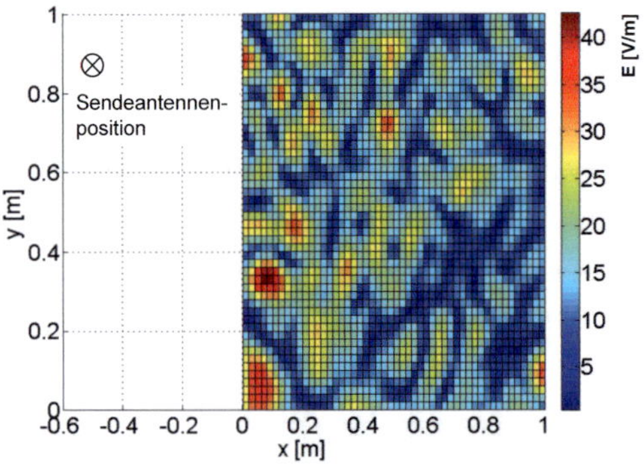
</td></tr>
<tr><td>E_z [V/m]</td><td>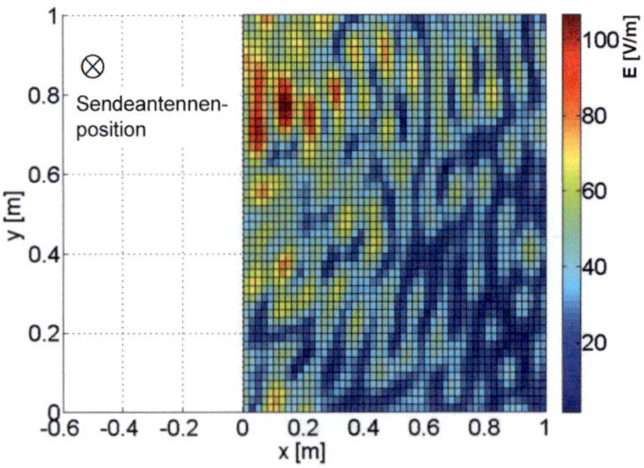
</td></tr>
</table>

Tabelle 2: Auswertung des Feldscans nach den einzelnen Feldkomponenten für

f = 1800 MHz (Position 1)

E_x [V/m]	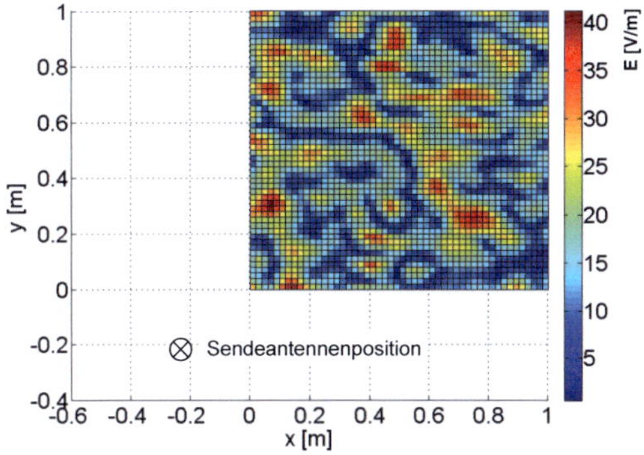
E_y [V/m]	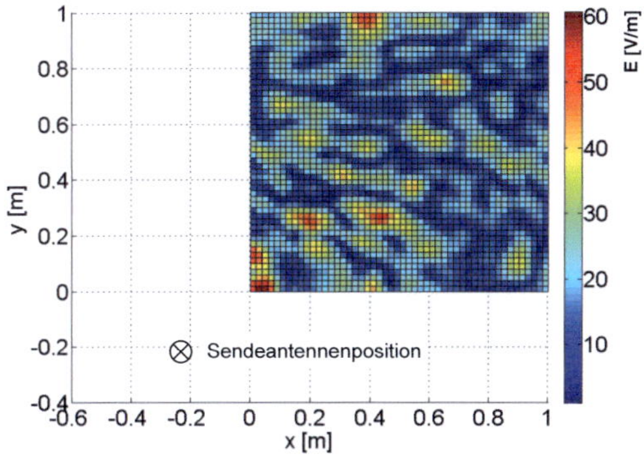
E_z [V/m]	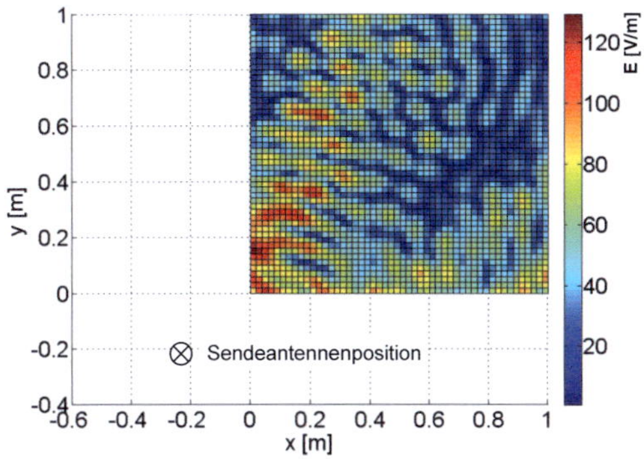

Tabelle 3: Auswertung des Feldscans nach den einzelnen Feldkomponenten für f = 1800 MHz (Position 2)

5.2 Bestimmung des Q-Faktors einer Flugzeugkabine

Die Güte oder der Q-Faktor eines schwingungsfähigen Systems ist ein Maß für die Dämpfung, sie setzt die im System gespeicherte Energie in Relation zur umgesetzten Verlustenergie des Systems. Im Falle einer Flugzeugkabine wird dem System durch die von den Passagieren mitgebrachten und betriebenen TPEDs Energie zugeführt, durch die Kabinenfenster und anderen Öffnungen entweicht ein Teil dieser Energie wieder. In Materialen mit begrenzter elektrischer Leitfähigkeit wird ein Teil der in den abgestrahlten Wellen gespeicherten Energie in Wärme ungesetzt. Aufgrund der hohen Komplexität der Flugzeugkabine ist eine Vorhersage des Q-Faktors durch Abschätzungen oder Simulationen schwer möglich, deshalb wird hier der Versuch unternommen, den Q-Faktor unter Laborbedingungen messtechnisch zu ermitteln. Um die elektromagnetischen Randbedingungen einer Flugzeugkabine auch im Labor nachbilden zu können, wird eine Schirmkabine so modifiziert, dass die Ausbreitungsbedingungen des elektromagnetischen Feldes in der Kabine den in Kapitel 5.1 untersuchten Bedingungen in guter Näherung entsprechen [40]. Hierzu wird die Tür der Schirmkabine durch eine Aluminiumplatte ersetzt, in die Aperturen in der Größe von Flugzeugfenstern geschnitten sind. Diese Platte wird über U-Profile in den Rahmen der Originaltür gesetzt und mit Hilfe eines in einen elektrisch leitfähigen Geflechtschirm eingebrachten Silikonschlauchs, der sich mit Druckluft aufblasen lässt, fixiert. Auf diese Weise ist ein guter elektrischer Kontakt gewährleistet, die Schirmwirkung der nicht mit Aperturen versehenen Aluminiumplatte liegt oberhalb der Nachweisgrenze. In Abbildung 35 ist ein Schnittbild der Fixierung dargestellt.

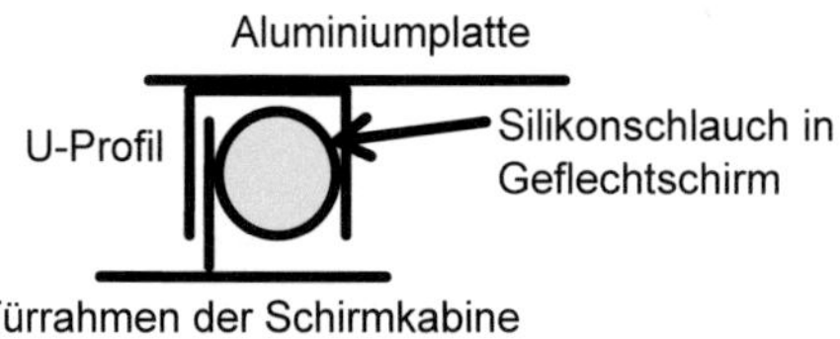

Abbildung 35: Aufnahme und elektrische Kontaktierung der Aluminiumplatte

Der dämpfende Einfluss des Kabinenausbaus wird durch das sukzessive Einbringen von Hochfrequenzabsorbern in die Schirmkabine realisiert, bis die Feldausbreitung innerhalb der Kabine in guter Näherung jener in der Flugzeugkabine entspricht.

Im Inneren der modifizierten Schirmkabine werden bis zu vier Sendeantennen platziert, um den Einfluss multipler Strahlungsquellen widerzuspiegeln. Bei den verwendeten Antennen handelt es sich um handelsübliche WLAN-Stabantennen, die für 2,4 GHz ausgelegt sind. Wie auch bei den Messungen im CITR wird das von den Antennen abgestrahlte elektrische Feld in einer Ebene auf Höhe der Antennen mit einer optischen E-Feld-Sonde in drei Feldstärkevektoren vermessen. Abbildung 36 zeigt den Messaufbau schematisch.

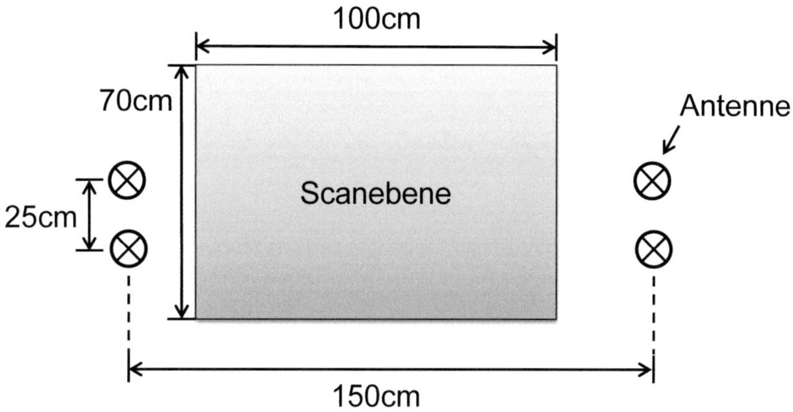

Abbildung 36: Schematischer Messaufbau im Kabinennachbau

In Abbildung 37 ist die gemessene Feldüberhöhung gegenüber der unter Freifeldbedingungen zu erwartenden Feldstärke im Kabinennachbau und im CITR als Funktion des Abstandes zur Sendeantenne dargestellt. Es wird ersichtlich, dass die Ausbreitungsbedingungen für elektromagnetische Wellen in der modifizierten Schirmkabine in sehr guter Näherung denen im CITR entsprechen.

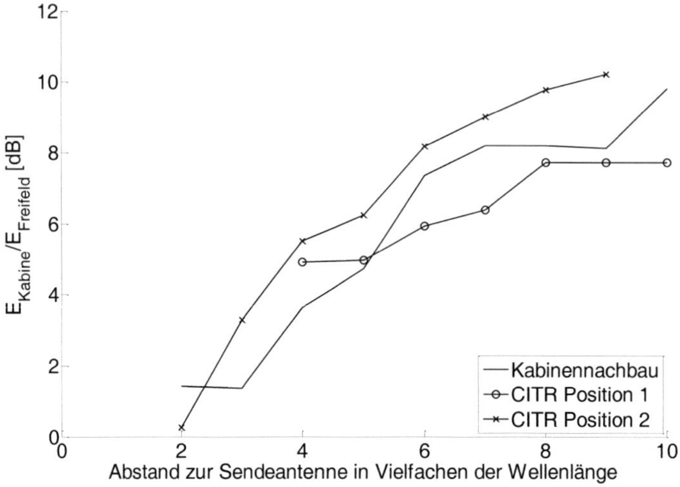

Abbildung 37: Vergleich der maximalen Feldüberhöhung bei 2,4 GHz in der modifizierten Schirmkabine zu der im CITR als Funktion des Mindestabstandes zu den Sendeantennen

Abbildung 38 zeigt die gemessene Feldstärkeüberhöhung für die Konfigurationen mit 1, 2 und 4 Sendeantennen. Zur Berechnung der Fernfeldausbreitung bei mehreren Antennen ist hier von einer konstruktiven Überlagerung der einzelnen Wellen ausgegangen worden, da auch bei der Bestimmung der Feldüberhöhungen jeweils das Feldstärkemaximum im betrachteten Gebiet als Referenz dient. Es ist ersichtlich, dass die maximale Feldüberhöhung im Vergleich zum Fernfeld mit steigender Entfernung zur Sendeantenne zunimmt. Wie schon die Untersuchungen im CITR zeigten, beträgt die Feldüberhöhung in 1 m Abstand (hier 8λ) von der bzw. den Sendeantenne(n) etwa 10 dB. Dabei hat die Anzahl der felderzeugenden Antennen keinen maßgeblichen Einfluss auf die Feldüberhöhung.

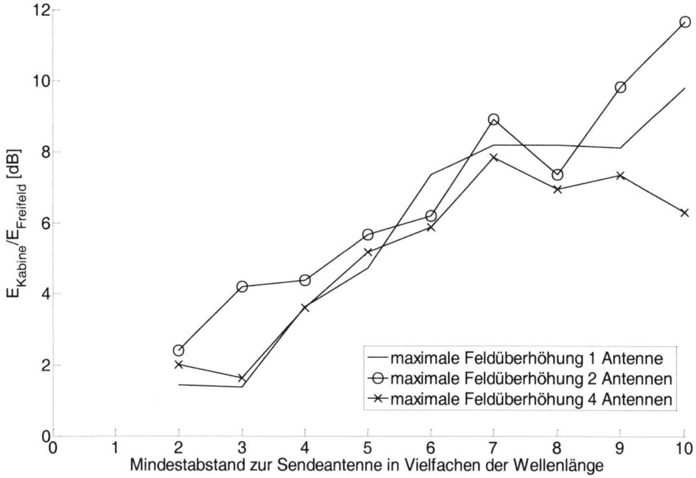

Abbildung 38: Maximale Feldüberhöhung in der modifizierten Schirmkabine als Funktion des Mindestabstandes zu den Sendeantennen

Anhand der aufgenommenen Messdaten, ist es möglich, die Güte der Kabine in Form des Q-Faktors zu bestimmen. Der Q-Faktor beschreibt das Verhältnis von der mittleren in einem Resonator gespeicherten Energie zu der Energie, die dem Resonator pro Periode verloren geht [17], [41], [42]:

$$Q = 2\pi \frac{\textit{mittlere gespeicherte Energie}}{\textit{Energieverlust pro Periode}} = 2\pi \frac{W_S}{W_V} \tag{5-4}$$

Die Berechnung der Güte Q des Kabinennachbaus ist der Berechnung der Güte einer Modenverwirbelungskammer ähnlich. In einer Modenverwirbelungskammer wird die Güte in der Regel so bestimmt, dass an einer festen Position über eine hinreichend große Anzahl von Modenquirlstellungen die elektrische Feldstärke gemessen wird. Aus der gemessenen Feldstärke kann die mittlere Energiedichte $\overline{w}$ bestimmt werden [18]:

$$\overline{w} = \varepsilon_0 \overline{E^2} \tag{5-5}$$

Über die Integration über das Kabinenvolumen V erhält man die mittlere gespeicherte Energie. Unter der zulässigen Annahme, dass die Feldstärke im Mittel homogen verteilt ist, gilt [18]:

$$\overline{W_S} = V\varepsilon_0\overline{E^2} \tag{5-6}$$

Innerhalb des Flugzeugkabinennachbaus befindet sich kein Modenquirl, so dass die Feldverteilung nicht mechanisch verändert werden kann. Um trotzdem eine Aussage über die mittlere Feldstärke in der Kabine treffen zu können, wird das elektrische Feld an einer Vielzahl von Messpositionen mit hoher örtlicher Auflösung vermessen (Schrittweite < 1/10 der Wellenlänge), so dass eine Mittelung über die Messpositionen möglich ist.

Im eingeschwungenen Zustand ist der Energieverlust pro Periode der Kabine gleich der Kabine zugeführten Energie pro Periode, also der Leistung P_{in} mal der Periodendauer T. Aus den Formeln (5-4) bis (5-6) ergibt sich für die Güte:

$$Q = 2\pi\frac{V\varepsilon_0\overline{E^2}}{P_{in}T} = 2\pi f\frac{V\varepsilon_0\overline{E^2}}{P_{in}} \tag{5-7}$$

In Tabelle 4 ist die berechnete Güte für die verschiedenen Kabinenkonfigurationen angegeben. Die Ergebnisse decken sich mit denen, die A. Marvin in [43] ermittelt hat. Die in [43] anhand von Messungen und Simulationen bestimmte Güte einer leeren Kammer in der Größenordnung 10^4 und nimmt auf 10^3 ab, wenn elektromagnetische Verluste durch die Fenster auftreten. Die Abnahme der Güte Q mit steigender Antennenzahl ist der Tatsache geschuldet, dass die zusätzlichen Antennen nicht nur Energie in die Kabine abstrahlen, sondern als Empfangsantennen dem System auch Energie entziehen, die dann im an die Antennen angeschlossenen Verstärker in Wärme umgesetzt wird.

Tabelle 4: Gemessene Güte Q des Kabinennachbaus

Anzahl der Antennen	**1**	**2**	**4**
Q	1215	1169	779

Das hier vorgestellte, neue Verfahren ermöglicht es, den Q-Faktor von großen resonanten Kabinen messtechnisch mit Hilfe von ortsaufgelösten Feldstärkemessungen zu bestimmen. Wo immer es möglich ist, einen ausreichend großen Querschnitt in der Kabine abzufahren, ist es so möglich, die Güte zu bestimmen. Der Einsatz dieser Methode in einer realen

Flugzeugkabine ist allerdings sehr aufwendig, da aufgrund der sehr großen Dimensionen einer Flugzeugkabine die Anzahl der nötigen Messpunkte gerade bei hohen Frequenzen stark zunimmt. Das elektrische Feld muss immer mit einem Bruchteil der betrachteten Wellenlänge abgetastet werden, um die lokalen Extremstellen zu erfassen. Neben der sehr großen Messzeit ist auch mit einem nicht zu vernachlässigenden mechanischem Aufwand zu rechnen, um die Positionierung der Messsonde vorzunehmen.

6 Leistungsgebundene Störfestigkeitstests nach EUROCAE ED130

Strahlungsgebundene Störfestigkeitstests sind ein fester Bestandteil von EMV-Messungen für Geräte und Systeme. Generell wird von strahlungsgebundenen Störbeaufschlagungen gesprochen, wenn Ausbreitungsvorgänge auftreten, also sich eine elektromagnetische Welle propagiert. In der EMV beginnen strahlungsgebundene Störfestigkeitstests in der Regel ab 30 MHz [44]. Es gibt verschiedene Möglichkeiten, den Prüfling einem elektromagnetischen Wellenfeld auszusetzen. Üblich sind Störfestigkeitstests in geschirmten Räumen, bei denen eine Antenne an einer definierten Position vor dem Prüfling aufgestellt wird, und dieser mit den in der Prüfvorschrift angegebenen Prüfpegeln beaufschlagt wird [6], [45], [46]. Dabei wird grundsätzlich unterschieden, ob die Antenne eine festgelegte Leistung abstrahlt (leistungsbasierte Störfestigkeitstests), oder ob die Antenne eine bestimmte Feldstärke am Ort des Prüflings erzeugen muss (feldbasierte Störfestigkeitstests). Weiter ist es möglich, den Prüfling in eine GTEM-Zelle einzubringen und dort mit einem Feld zu beaufschlagen [47]. Weite Verbreitung findet auch der Einsatz von Modenverwirbelungskammern, in denen auch Störfestigkeitstests durchgeführt werden können [4].

Elektronische Systeme, die im Flugzeug verbaut und betrieben werden, müssen bestimmte Anforderungen an die EMV erfüllen. Diese beinhalten auch strahlungsgebundene Störfestigkeitstests, wie sie etwa in [4] und [6] vorgeschrieben sind. Solche Tests werden in der Regel unter Laborbedingungen in akkreditierten Testhäusern durchgeführt. Es gibt auch Fälle, bei denen die Systeme in situ, also installiert am Bestimmungsort im Flugzeug, realisiert werden. In komplexen elektromagnetischen Umgebungen, insbesondere dann, wenn sich im Nahfeld der felderzeugenden Antenne leitende Strukturen befinden, führt dies zu der Problematik, dass die Umgebung der Antenne maßgeblich beeinflusst werden kann. Unter besonderer Berücksichtigung der „Transmitted Power Test Procedure" [6], die Störfestigkeitstests im Nahfeld einer Antenne vorsieht und der komplexen Umgebung im Flugzeug, wird im Folgenden die Auswirkung von elektrisch leitenden Strukturen in der direkten Umgebung einer Antenne auf die Antennencharakteristik untersucht.

6.1 Transmitted Power Test Procedure

Die EUROCAE ED130 [6] stellt mit der Transmitted Power Test Procedure eine Störfestigkeitsprüfung in der direkten Nähe der abstrahlenden Antenne vor. Die Prüfvorschrift gibt die für das erfolgreiche Bestehen eines EMV-Tests erforderliche Sendeleistung der Antenne, die den Prüfling beaufschlagt, an. Aus Abbildung 3 des Kapitels 2.3 ist ersichtlich, dass die abgestrahlte Leistung P_{ab} mit Hilfe eines Richtkopplers gemessen wird. Hierzu werden sowohl die Vorwärtsleistung P_{vor}, die in Richtung der Antenne auf der Speiseleitung läuft, als auch die Rückwärtsleistung $P_{rück}$, die von der Antenne zurück Richtung Verstärker läuft, gemessen und ausgewertet. Aus der Differenz wird auf die tatsächliche Sendeleistung der Antenne geschlossen, wobei angenommen wird, dass die Verluste innerhalb der Antenne vernachlässigbar klein sind:

$$P_{ab} = P_{vor} - P_{rück} \quad (6\text{-}1)$$

Im Folgenden ist ein Prüfszenario, wie es die Transmitted Power Test Procedure vorschreibt, unter Laborbedingungen nachgestellt worden. Der Fokus der Untersuchungen liegt hier auf der Bestimmung der von der Antenne abgestrahlten Leistung. Die Messwerte werden mit einem Netzwerkanalysator aufgenommen, der wahlweise die Vorwärts- oder Rückwärtsleistung am Richtkoppler misst. Die Rückwärtsleistung kann auch direkt mit dem Netzwerkanalysator bestimmt werden, in diesem Fall wird der (externe) Richtkoppler eingespart. Des Weiteren findet eine breitbandige Doppelsteg-Hornantenne [23] Verwendung. Die Antenne wird in einem variablen Abstand d vor dem Testobjekt positioniert. Als Testobjekt wird zum einen eine Absorberwand verwendet, die Reflexionen der abgestrahlten elektromagnetischen Welle verhindern soll, zum anderen wird gegen eine Aluminiumplatte gestrahlt, um eine möglichst hohe Reflexion zu erzielen. Der Messaufbau ist in Abbildung 39 schematisch dargestellt.

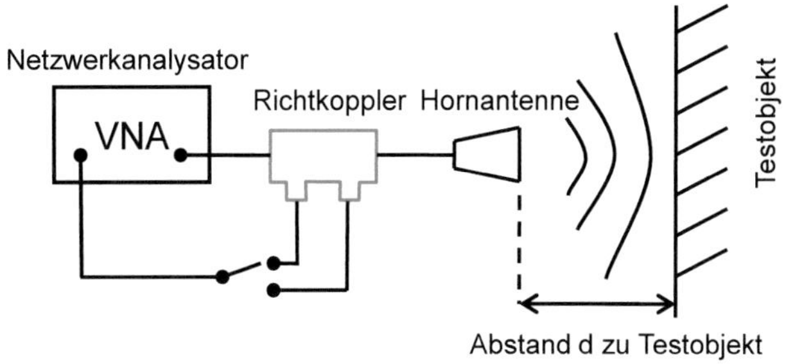

Abbildung 39: Messaufbau zur Bestimmung der von einer Antenne abgestrahlten Leistung in direkter Nähe zu einem Testobjekt

6.2 Bestimmung der vorlaufenden Leistung

In Abbildung 40 ist die gemessene Vorwärtsleistung für die beiden Szenarien Absorberwand und leitende Ebene über die Frequenz dargestellt. Sie ist nahezu konstant. In die Auswertung der Messdaten ist die Charakteristik des Richtkopplers bereits mit eingerechnet. Die Messdaten liefern für beliebige Abstände d zwischen Antenne und Testobjekt identische Werte. Die Messung der Vorwärtsleistung ist daher als unabhängig vom Testobjekt und dessen Abstand anzusehen.

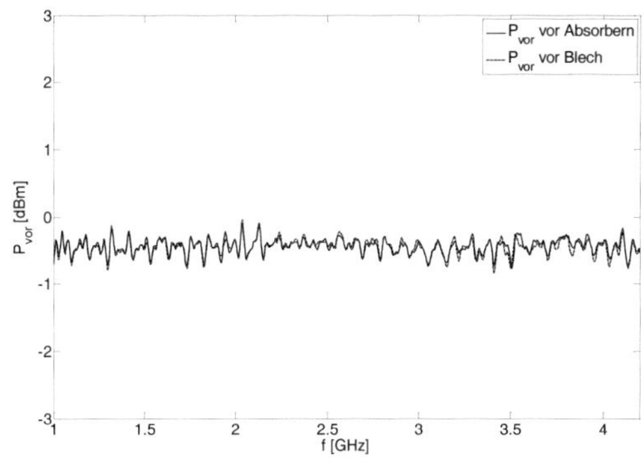

Abbildung 40: Am Richtkoppler gemessene Vorwärtsleistung

6.3 Bestimmung der rücklaufenden Leistung

Abbildung 41 zeigt den schematischen Messaufbau zur Messung der reflektierten Leistung einer Antenne vor einer leitenden Ebene. Der Leistungstransport ist mit Pfeilen kenntlich gemacht. Ein Port des Netzwerkanalysators (Kalibrierebene: Antennenanschluss) speist über eine koaxiale Leitung die Antenne (P_{vor}). Durch die leichte Fehlanpassung der Antenne an die Leitungsimpedanz findet am Antennenfußpunkt eine Reflexion statt, ein Teil der vorwärts laufenden Leistung P_{vor} wird reflektiert (P_A). Der bei Weitem größere Anteil der Leistung wird von der Antenne abgestrahlt (P_{ab}). In Form einer elektromagnetischen Welle breitet sich die Leistung über den freien Raum aus, bis die Welle im Abstand d auf das elektrisch leitfähige Aluminiumblech trifft und dort reflektiert wird (P_{ref}). Es entsteht eine rücklaufende Welle, ein Teil der von dieser Welle transportierten Energie koppelt wieder in die Sendeantenne ein und läuft auf der Leitung zurück zum Netzwerkanalysator. Die insgesamt zurücklaufende Leistung $P_{rück}$ setzt sich aus den Anteilen der Fußpunktreflexion und der an der leitenden Ebene reflektierten Leistung zusammen.

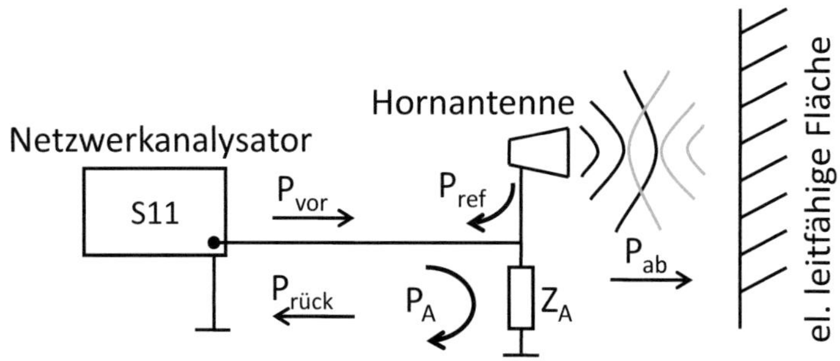

Abbildung 41: Antenne vor leitender Ebene: Schematischer Messaufbau

Unter Vernachlässigung der Reflexion, die die an der Ebene reflektierte Welle nach Einkopplung in die Antenne am Übergang Antenne – Leitung erfährt, sowie einer möglichen Reflexion am Port des Netzwerkanalysators aufgrund von Fehlanpassung laufen auf der Antennenzuleitung demnach zwei Wellen in Richtung Netzwerkanalysator, die sich additiv überlagern. Zwischen den beiden Wellen besteht ein Phasenversatz, der sich aus der Laufzeit, die die Welle benötigt, um von der Antenne zur leitfähigen Ebene und zurück zu propagieren, ergibt:

$$\tau = \frac{2d}{c} \tag{6-2}$$

Hierbei ist τ die Laufzeit, d der Abstand zwischen der Antenne und der reflektierenden Ebene und c die Ausbreitungsgeschwindigkeit. Ist dieser Phasenversatz ΔΦ ein gerades ganzzahliges Vielfaches von π, so überlagern sich die Wellen konstruktiv, dies ist genau für eine Abstandsänderung d_{konstr} von einem Vielfachen einer halben Wellenlänge der Fall:

$$\Delta\Phi_{konstr} = \omega \cdot \tau = \omega \cdot \frac{2d}{c} = 2\pi \frac{c}{\lambda} \cdot \frac{2d}{c} \overset{!}{=} n \cdot 2\pi, \quad n = 1,2,... \tag{6-3}$$

$$\Rightarrow d_{konstr} = n \cdot \frac{\lambda}{2} . \tag{6-4}$$

In Abbildung 42 und Abbildung 43 sind die Messergebnisse der Messungen mit der Antenne vor einer Absorberwand (Abbildung 42) und vor einer leitenden Ebene (Abbildung 43) aufgetragen. Auf der x-Achse ist die Frequenz aufgetragen, die y-Achse gibt die Änderung des Abstandes d der Antenne zum Testobjekt (Absorberwand, leitende Ebene) wieder. Die Messung vor der Absorberwand zeigt eindeutig, dass die reflektierte Leistung keine Funktion der Antennenposition ist, sondern lediglich antennenspezifisch von der Frequenz abhängt. Bei der Messung mit der Antenne gegen eine leitende Ebene wird ersichtlich, dass die reflektierte Leistung eine starke Abhängigkeit von der Antennenposition relativ zum Testobjekt aufweist. Lokal treten starke Maxima und Minima auf, die auf die Überlagerung zweier Wellen schließen lassen. Der Abstand zwischen zwei Extremstellen beträgt stets eine halbe Wellenlänge.

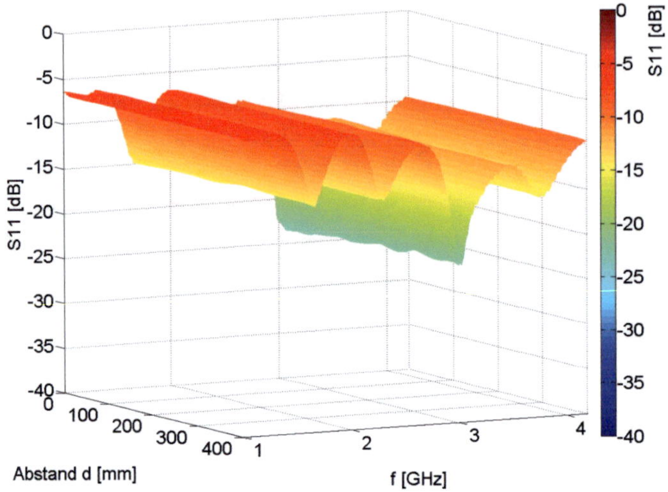

Abbildung 42: Reflexionsmessung (S11), Antenne vor Absorbern

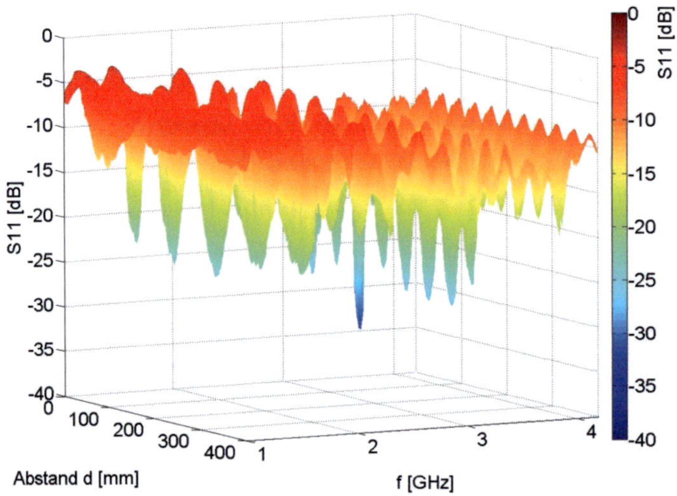

Abbildung 43: Reflexionsmessung (S11), Antenne vor leitender Ebene

Die von der metallischen Ebene reflektierte und über die Leitung zum Netzwerkanalysator rücklaufende Leistung P_{ref} lässt sich analytisch abschätzen. Sie ergibt sich aus der Antennenwirkfläche A_W und der Leistungsdichte S am Ort der Antenne:

$$P_{ref} = A_W \cdot S = \frac{\lambda^2 G}{4\pi} \cdot \frac{P_{ab} G}{4\pi r^2} = \left(\frac{\lambda G}{4\pi r}\right)^2 P_{ab} \quad . \tag{6-5}$$

Die Antennenwirkfläche wird über den frequenzabhängigen Antennengewinn G und die Wellenlänge λ bestimmt. Die Leistungsdichte S ist von der abgestrahlten Leistung P_{ab}, dem Antennengewinn G sowie der Wegstrecke r, die die Welle zurückgelegt hat, abhängig. In diesem speziellen Fall ist sie das Doppelte des Abstandes d der Antenne zur metallischen Wand. Die rücklaufende Leistung wird für kleine r bei einer festen Frequenz und Sendeleistung maximal. Damit die Formel 6-5 Gültigkeit hat, müssen annähernd Fernfeldbedingungen herrschen. Dies ist ab einem Abstand d=2λ, also r=2λ der Fall. Unter der Voraussetzung, dass die abgestrahlte Leistung groß gegen die am Antennenfusspunkt reflektierte Leistung P_A ist, gilt in guter Näherung:

$$P_{ab} = P_{vor} - P_A \cong P_{vor} \quad . \tag{6-6}$$

Formel 6-5 vereinfacht sich so zu:

$$\frac{P_{ref}}{P_{vor}} = \left(\frac{G}{16\pi}\right)^2 \quad . \tag{6-7}$$

Die zu erwartende maximal gemessene sich aus der Überlagerung von Fusspunktreflexion und Reflexion an der metallischen Wand zusammensetzende Leistung $P_{rück}$ ergibt sich zu:

$$P_{rück} = P_A + P_{ref} \quad . \tag{6-8}$$

Abbildungen 44 bis 46 zeigen die über sämtliche Positionen ermittelten Maximal-, Minimal- und Mittelwerte der Messung über die Frequenz. In Abbildung 44 ist zudem im Abstand von 100 MHz die zu erwartende rücklaufende Leistung für Frequenzen, für die Messdaten mit ausreichend großem Abstand d vorliegen, als rotes „X" gekennzeichnet. Die Messung weist eine hohe Übereinstimmung mit den aus der Abschätzung bestimmten Werten auf. Es zeigt sich, dass die maximal gemessene rücklaufende Leistung bei der Positionierung der Antenne vor der metallischen Wand im Schnitt 4 bis 5 dB über der rücklaufenden Leistung bei Positionierung der Antenne vor einer Absorberwand liegt. Für die minimal gemessene rücklaufende Leistung gilt Ähnliches, mit dem Unterschied, dass in diesem Fall die rücklaufende Leistung vor der Absorberwand höher liegt. Aus Abbildung 46 geht hervor, dass sich im Mittel über alle Positionen die Abweichungen gegenseitig aufheben und nahezu identische Ergebnisse erzielt werden.

In der Praxis bedeutet dies, dass die nach Formel 6-1 bestimmte abgestrahlte Leistung je nach betrachteter Frequenz und Geometrie des Prüfaufbaus eine Ungenauigkeit von ±5 dB zuzüglich der Toleranzen des Messequipments aufweist. Die Störleistung, mit der der Prüfling dann beaufschlagt wird, liegt somit leicht um den Faktor 3 über oder unter der geforderten Größe, so dass es dazu kommen kann, dass zu empfindliche Systeme für den Einsatz an Bord eines Flugzeuges zugelassen werden können, oder im Umkehrschluss Systeme, die eigentlich nach Stand der aktuellen Normen die Prüfung bestehen sollten, aufgrund einer zu starken Störbeaufschlagung die Freigabe nicht erhalten. Ist die Antenne nicht gegen eine ebene leitfähige Fläche gerichtet, sondern gegen eine gewölbte Fläche, wie sie die Außenwand einer Flugzeugkabine darstellt, kann sich der Effekt noch verstärken, da ein größerer Anteil der von der Antenne abgestrahlten elektromagnetischen Leistung wieder in Richtung Antenne reflektiert wird.

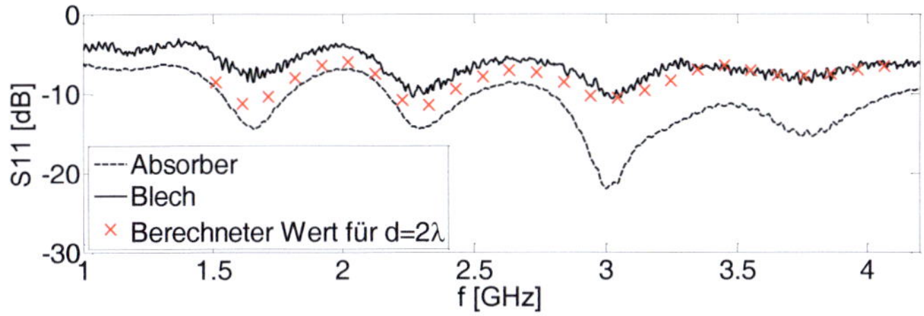

Abbildung 44: Gegenüberstellung der Maxima bei Variation des Abstandes d zwischen Antenne und Testobjekt (vgl. Abbildung 39)

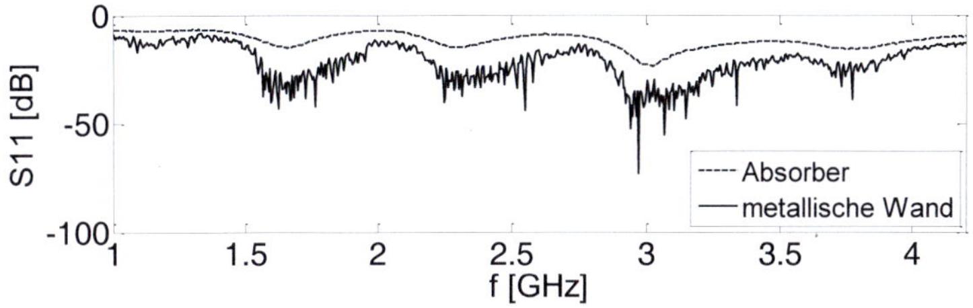

Abbildung 45: Gegenüberstellung der Minima bei Variation des Abstandes d zwischen Antenne und Testobjekt (vgl. Abbildung 39)

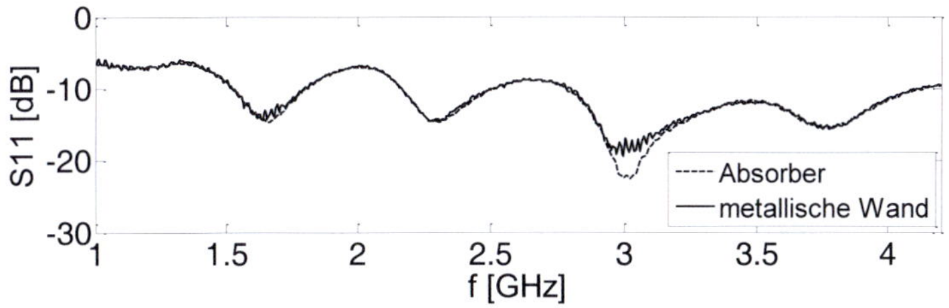

Abbildung 46: Gegenüberstellung der Mittelwerte bei Variation des Abstandes d zwischen Antenne und Testobjekt (vgl. Abbildung 39)

6.4 Transformation in den Zeitbereich

In Kapitel 6.3 wurden Überlagerungseffekte gezeigt, die sich ergeben, wenn eine Sendeantenne in elektrisch leitfähiger Umgebung betrieben wird. Hierzu wurde die von der Antenne zur Quelle rücklaufende Leistung für verschiedene Entfernungen zu einer elektrisch leitfähigen Wand gemessen und als Funktion des Abstandes und der Frequenz aufgetragen (Abbildung 43). Um diese Überlagerungseffekte ortsaufgelöst darzustellen, wird der gemessene Frequenzgang mittels einer inversen Fouriertransformation [48] in den Zeitbereich überführt. In Abbildung 47 ist die in den Zeitbereich transformierte rücklaufende Welle für den Fall dargestellt, dass die Antenne in den freien Raum abstrahlt und die abgestrahlte Welle in Hochfrequenzabsorbern in Wärme umgewandelt wird. Es ist ersichtlich, dass es zwei Reflexionen gibt, die größte bei etwa 0,5 ns, eine zweite bei 1,9 ns. Die Zeitachse kann mit Hilfe der Ausbreitungsgeschwindigkeit der Welle, die in erster Näherung gleich der Lichtgeschwindigkeit gesetzt wird, in eine Abstandsachse überführt werden. Wie aus Abbildung 48 ersichtlich ist, tritt die erste Reflexion im Abstand von etwa 7 cm von der Kalibrierebene, die gleich dem Antennenanschluss ist, auf. Dies ist die Reflexion am Antennenfusspunkt, der ungleich dem nach außen geführten Anschluss der Antenne ist. Diese gemessene Entfernung ist fehlerbehaftet, da die Ausbreitungsgeschwindigkeit der Welle zwischen Antennenanschluss und Antennenfusspunkt sich um den Verkürzungsfaktor verringert. Da im Folgenden aber die Reflexionen außerhalb der Antenne untersucht werden sollen, und diese erste Reflexion lediglich als Referenz dient, kann diese Ungenauigkeit wissentlich in Kauf genommen und in den nachfolgenden Betrachtungen außer Acht gelassen werden.

Die zweite Reflexion ist wesentlich kleiner und befindet sich etwa 20 cm hinter dem ersten Reflexionspunkt. Dies ist genau die Dimension der Antenne, zu erkennen ist hier demnach der Übergang des Hornes zum Freiraum.

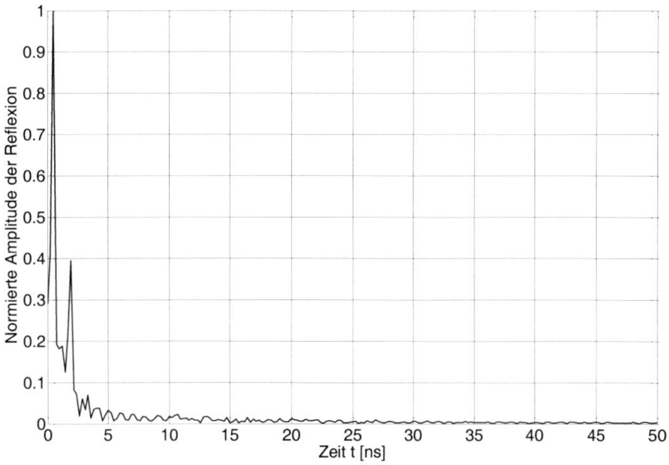

Abbildung 47: Reflexion an der Hornantenne im Zeitbereich (inverse Fouriertransformation der Messungen im Frequenzbereich); 1. Spitze: Antennenfusspunkt, 2. Spitze: Übergang zum Freifeld

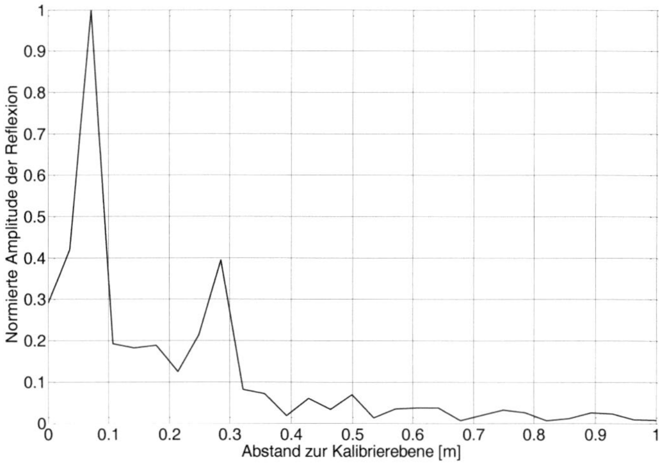

Abbildung 48: Reflexion an der Hornantenne als Funktion des Abstandes zur Kalibrierebene (inverse Fouriertransformation der Messungen im Frequenzbereich); 1. Spitze: Antennenfusspunkt, 2. Spitze: Übergang zum Freifeld

Bei dem Vergleich der in den Zeitbereich übertragenen Reflexionen beim Aufbau der Antenne vor Absorbern und vor einer metallischen Wand wird ersichtlich, dass die Reflexion an der Wand mit in die Messung der rücklaufenden Leistung eingeht. Wie in Abbildung 49 beispielhaft für einen Abstand d = 50 cm zwischen Antenne und Wand gezeigt wird, ergibt sich eine zweite Spitze auf der Abstandsachse, die für einen Abstand von 50 cm dieselbe Größenordnung wie die Reflexion am Übergang des Horns in den Freiraum aufweist.

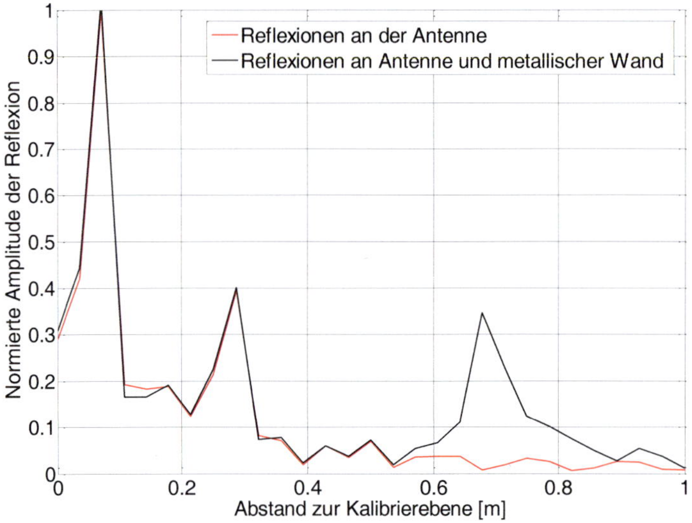

Abbildung 49: Gemessene Reflexionen an der Hornantenne und der metallischen Wand im Abstand d = 50 cm von der Antenne, aufgetragen gegen die Entfernung

Abbildung 50 zeigt den Verlauf der Reflexionen für einen Abstand von 0 bis 1 m zwischen metallischer Wand und Antenne. Eine starke Reflexion ist durch eine helle Färbung erkenntlich. Es zeigen sich die Reflexionen am Fusspunkt der Antenne, am Übergang des Hornes zum Freifeld, die Reflexionen an der metallischen Wand für verschiedene Positionen sowie, schwächer ausgeprägt, weitere Reflexionen, die auf Mehrwegeausbreitungen in der Messumgebung zurückzuführen sind. Der Bereich hinter der Hornantenne war nicht mit Absorbern ausgekleidet, so dass die reflektierte Welle hinter der Antenne wiederum eine Reflexion erfährt, zurück zur metallischen Wand läuft und von dort teilweise wieder in Richtung Hornantenne reflektiert wird.

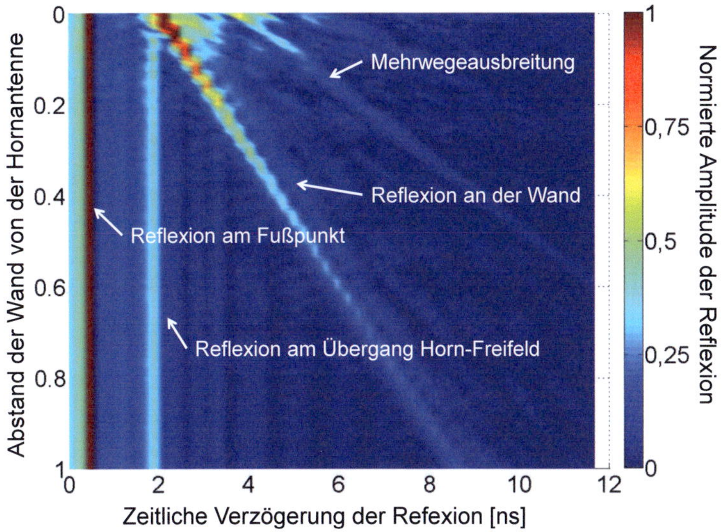

Abbildung 50: Messung der rücklaufenden Welle für verschiedene Antennenpositionen vor der metallischen Wand

Abbildung 51 zeigt die aufgetretenen Reflexionen als Kurvenschar. Die stärker gezeichnete schwarze Kurve zeigt die Reflexionen am Antennenfußpunkt und am Übergang zum Freiraum. Jede der farbigen Kurven ist aus einer Messung für einen bestimmten Abstand d zwischen leitender Wand und Hornantenne durch Transformation in den Zeitbereich und Umrechnung der Laufzeit in Weglängen entstanden. Es wird die umgekehrte Proportionalität der Amplituden der Reflexionen zum Abstand ersichtlich. Bei der roten Kurve treten zusätzliche Reflexionen auf, die auf die Mehrwegeausbreitung (weitere Reflexionen der abgestrahlten Welle hinter der Antenne) zurückzuführen sind.

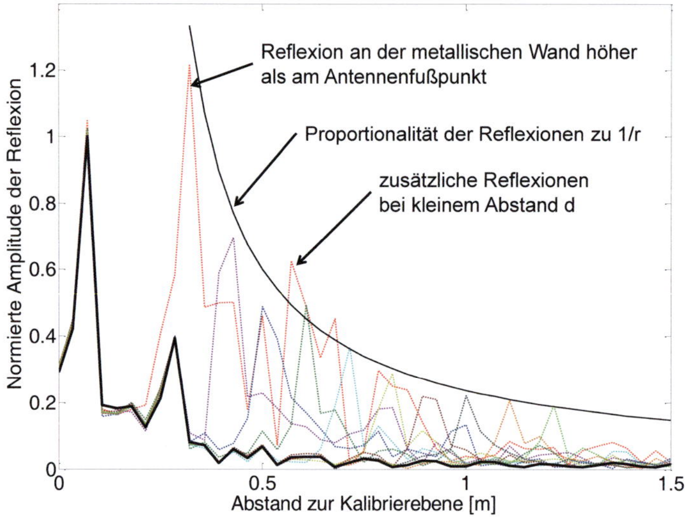

Abbildung 51: Reflexionen für verschiedene Abstände von der metallischen Wand, aufgetragen über den Abstand der Wand von der Kalibrierebene

6.5 Änderung der Antennencharakteristik durch das Einbringen elektrisch leitfähiger Strukturen

In Abbildung 52 ist der Einfluss der metallischen Wand auf die Reflexionen am Fusspunkt der Antenne und am Übergang vom Horn zum Freiraum über den Abstand zur Antenne dargestellt. Aufgetragen ist jeweils die normierte Amplitude der Reflexion für die verschiedenen Abstände der metallischen Wand zur Hornantenne. Wenn die Charakteristik der Antenne keine Beeinflussung durch die Nähe der leitenden Wand erfahren würde, ergäben sich zwei Geraden konstanter Amplitude. Jede Auslenkung in positiver oder negativer Richtung zeigt die Veränderung dieser Charakteristik durch das Einbringen elektrisch leitfähiger Strukturen in die direkte Umgebung der Antenne. Besonders die Reflexion am Übergang des Horns zum Freiraum wird bis zu einem Abstand von 15 cm stark durch die metallische Wand beeinflusst. Die Antennencharakteristik wird hierdurch verändert. Dies trifft auch noch für Abstände, wie sie in der Transmitted Power Test Procedure [6] gefordert sind, zu.

Neben dem Reflexionsverhalten der Antenne, das durch den Wellenwiderstand bestimmt ist, hat das Einbringen von elektrisch leitfähigen Strukturen auch Auswirkungen auf die Richtcharakteristik der Antenne. Durch Reflexionen an diesen Strukturen treten Überlagerungseffekte sowie Abschattungen auf. Die Richtwirkung lässt sich maßgeblich beeinflussen. Ist die elektrisch leitfähige Struktur groß gegenüber der Antenne und befindet sie sich in direkter Nähe zu ihr, wird der Großteil der von der Antenne abgestrahlten Leistung reflektiert, so dass die Hauptstrahlungsrichtung in Abhängigkeit der Orientierung und geometrischen Form der Struktur auch in entgegengesetzter Richtung liegen kann.

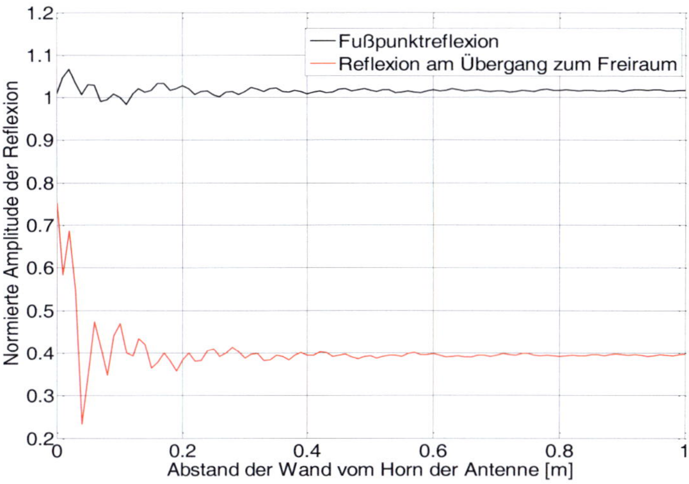

Abbildung 52: Einfluss der metallischen Wand auf die Reflexionen am Fußpunkt und Übergang zum Freifeld der Antenne

6.6 Schlussfolgerung

Die vorgestellten Messergebnisse führen zu der Erkenntnis, dass die Bestimmung der von einer Antenne abgestrahlten Leistung sehr gut über die Messung der vor- und rücklaufenden Leistung in der Antennenzuleitung möglich ist, solange die Antenne sich in einer reflexionsfreien Umgebung befindet. Unter der Annahme, dass die Verluste innerhalb der Antenne vernachlässigbar klein sind, bestimmt sich für diesen Fall die abgestrahlte Leistung

P_{ab} aus der Differenz der vorlaufenden Leistung P_{vor} und der rücklaufenden Leistung $P_{rück}$ (Formel (6-2)).

Sobald sich in der Nähe der Antenne eine leitfähige Struktur befindet, kommt es an dieser Struktur zu einer Reflexion der abgestrahlten Welle. Ein Teil dieser Reflexion koppelt wieder in die Antenne ein und überlagert sich phasenverschoben mit der durch Fehlanpassung der Antenne auf der Leitung rücklaufenden Welle. Da diese Phasenverschiebung im Allgemeinen unbekannt ist, ist es nicht vorhersagbar, ob es zu einer konstruktiven oder destruktiven Überlagerung der Wellen kommt. Die Messung der rücklaufenden Leistung ist daher in diesem Fall wenig aussagekräftig und verfälscht die Bestimmung der tatsächlich abgestrahlten Leistung im Schnitt um 5 dB. Sinnvoll ist es für den Fall, dass ein Prüfszenario in der Umgebung reflektierender Strukturen realisiert wird, die Antenne zunächst in einer reflexionsfreien Umgebung zu charakterisieren und anhand dieser Daten die abgestrahlte Leistung allein über die Bestimmung der Vorwärtsleistung, die wie gezeigt, von der Messumgebung unabhängig ist, vorzunehmen. Dies hat den weiteren Vorteil, dass während der Prüfbeaufschlagung eine Größe weniger zu bestimmen ist und der Messaufbau sich dadurch vereinfacht.

Für strahlungsgebundene in situ EMV-Tests an Bord eines Flugzeuges bedeutet dies, dass eine kalibrierte Antenne verwendet werden muss, deren frequenzabhängige Fusspunktreflexion zuvor unter Freifeldbedingungen aufgenommen wurde. Mit dieser Korrekturkurve lässt sich dann die abgestrahlte Leistung der Antenne alleine über die Messung der Vorwärtsleistung P_{vor} bestimmen.

7 Aperturkopplung im Nahfeld

Im folgenden Kapitel soll die Kopplung von elektromagnetischen Wellen durch Aperturen näher untersucht werden. Von besonderem Interesse sind hier Aperturen, die nicht rotationssymmetrisch sind, also eine von der Polarisation der einfallenden Welle abhängige Schirmwirkung aufweisen [49]. Der einfachste und in der Realität am häufigsten auftretende Fall ist die Kopplung elektromagnetischer Wellen durch schlitzförmige Aperturen. Diese Schlitze können bei Schirmgehäusen bewusst vorhanden sein (z.B. Öffnungen zur Wärmeabfuhr, Kabeldurchführungen, Displays, ...) oder ungewollt entstehen, etwa beim Aufeinandertreffen zweier schlecht kontaktierter Gehäuseplatten.

Wie bereits gezeigt, sind innerhalb einer Flugzeugkabine beliebige Polarisierungen von elektromagnetischen Wellen möglich. Zum einen kann der Passagier seine abstrahlende Elektronik in einer beliebigen räumlichen Ausrichtung betreiben, zum anderen ändert sich die Polarisierung der sich ausbreitenden Welle durch multiple Reflexionen. Daher wird der Einfluss der Polarisierung des einfallenden Feldes auf die Schirmwirkung bei den folgenden Betrachtungen eingehend untersucht.

Die Transmitted Power Test Procedure sieht eine Störbeaufschlagung des Prüflings im Nahfeld einer Antenne vor. Dies bewirkt eine lokale Ausleuchtung des Prüflings, wie sie etwa durch ein nahe beim Prüfling betriebenes Handy hervorgerufen werden könnte. Die Schirmwirkung bzw. die Störeinkopplung wird bei einer lokal begrenzten Störbeaufschlagung eine Abhängigkeit von der Position der Sendeantenne haben. Diese Abhängigkeit wird im Folgenden behandelt.

7.1 Messaufbau

Im Folgenden wird die Kopplung einer von einer Antenne abgestrahlten elektromagnetischen Welle durch eine schlitzförmige Apertur in einer elektrisch leitfähigen Ebene untersucht. Dieses Problem ist in der Literatur schon hinreichend behandelt worden, es soll hier jedoch auf einige messtechnisch relevante Details näher eingegangen werden. Um den Einfluss eines Schirmgehäuses, in dem es zu Reflexionen und Modenausbildung der eingekoppelten Welle kommt, zu vermeiden, ist der Schlitz in die Wand einer Schirmkabine eingebracht, die im Inneren mit Absorbern ausgekleidet ist. Auf diese Weise wird nur der Einfluss des Schlitzes als Koppelpfad betrachtet. Abbildung 53 zeigt den Messaufbau mit einer Hornantenne. Ein hölzernes Stativ ermöglicht die Ausrichtung der Antenne, dabei können die Polarisation sowie die Position in Y-Richtung vor dem Schlitz variiert werden.

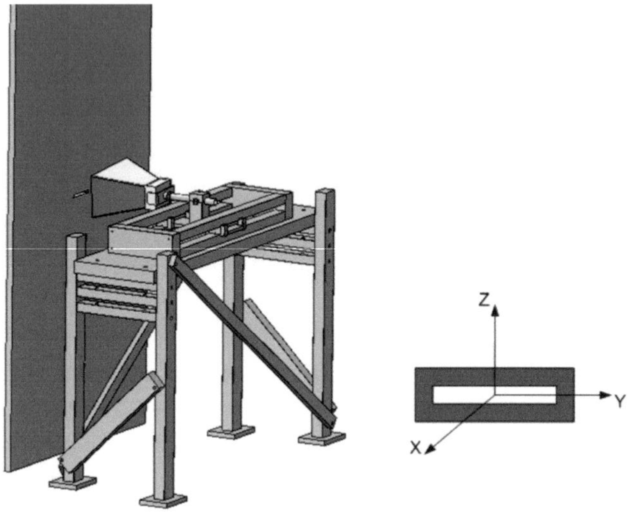

Abbildung 53: Messaufbau zur Bestimmung der Schlitzkopplung

Hinter dem Schlitz wird das elektrische Feld, welches durch die Apertur koppelt, mit einer konischen Messsonde aufgenommen. Als Feldquellen werden zwei verschiedene Antennentypen verwendet, zum einen eine breitbandige Doppelsteg-Hornantenne [23], die einen relativ hohen Antennengewinn von bis zu 12,6 dB und damit verbunden eine hohe Richtwirkung aufweist, sowie zum anderen eine Diskonus-Antenne [22], die als omnidirektionaler Strahler einen Antennengewinn von etwa 1,4 dB aufweist. Die Richtcharakteristiken der verwendeten Antennen wurden bereits in Kapitel 3.4 dargestellt.

7.2 Messung des Polarisationsverlustes

Der Koppelpfad in ein Schirmgehäuse durch nicht rotationssymmetrische Aperturen ist, wie bereits an anderer Stelle erwähnt, stark von der Polarisierung des einfallenden Feldes abhängig. Dieser Effekt wird an dem Beispiel eines rechteckigen Schlitzes anhand von Messungen gezeigt. Einen Überblick über die Messanordnung gibt Abbildung 54. Dargestellt sind die Messpositionen für beide Antennen an der Start- bzw. Endposition bei einem Winkel von 0° und 90°.

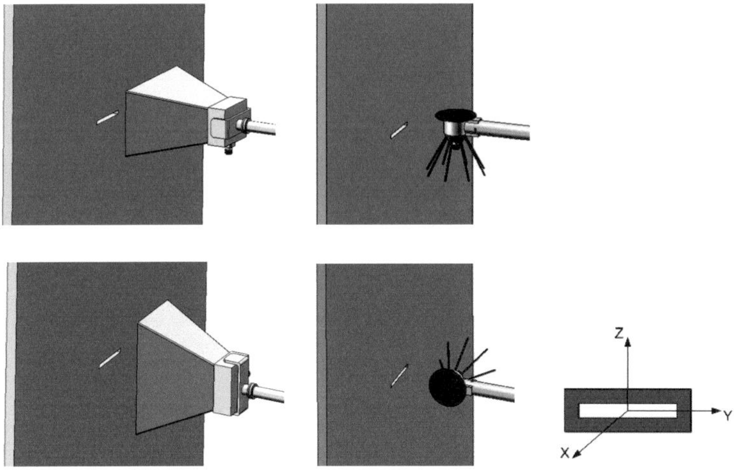

Abbildung 54: Antennenpositionen: links Hornantenne (0° oben, 90° unten), rechts Diskonus-Antenne (0° oben, 90° unten)

Abbildung 55 zeigt den Koppelpfad über die Frequenz und den Rotationswinkel der Antenne. Durch die Richtwirkung der Hornantenne liegt der S21-Parameter dieser Messung im Schnitt 10 dB über der Messreihe mit der diskonischen Antenne. Dies ist auf Grund des höheren Antennengewinns der Hornantenne zu erwarten. Aus beiden Messungen wird ersichtlich, dass mit zunehmendem Winkel die Kopplung durch den Schlitz abnimmt. Bei 90°, also wenn der elektrische Feldstärkevektor parallel zum Schlitz liegt, erreicht die Kopplung ihr Minimum. Abbildung 56 gibt den mittleren Polarisationsverlust in dB wieder. Die stark ausgeprägten Spitzen bei einem Winkel von 90° sind auf Messrauschen zurückzuführen, die Messwerte für den Übertragungspfad liegen hier am Ende des Dynamikbereichs des verwendeten Netzwerkanalysators. Der Polarisationsverlust ist unabhängig vom verwendeten Antennentyp für beide Antennen in der gleichen Größenordnung, wobei er bei der Hornantenne deutlicher ausgeprägt ist, wie aus Abbildung 56 ersichtlich ist.

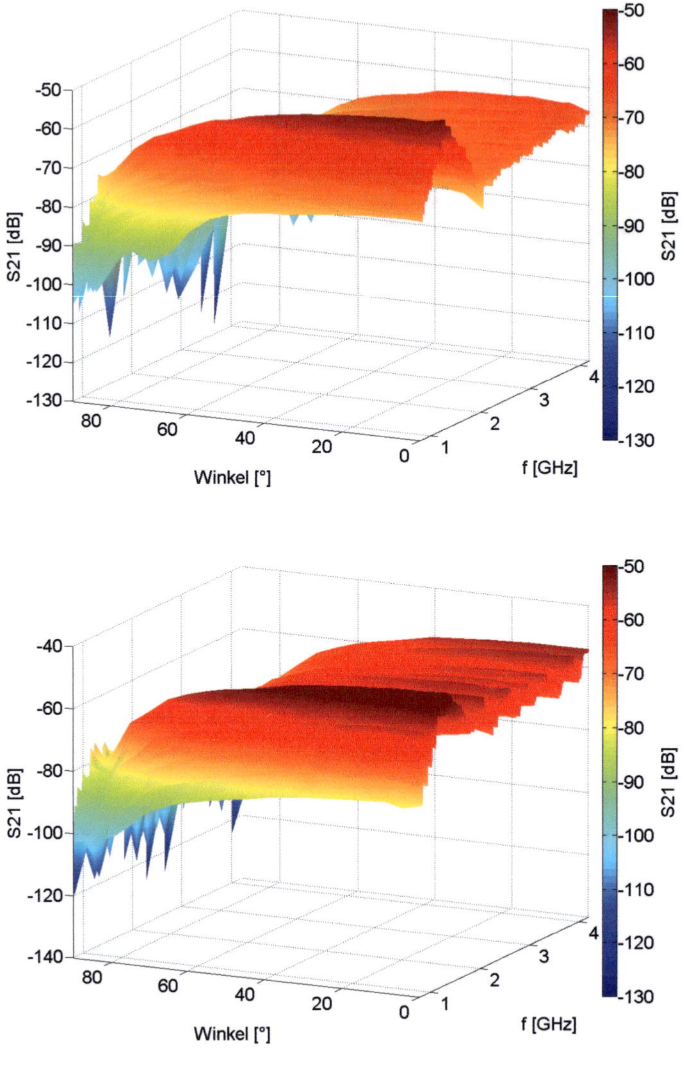

Abbildung 55: Einfluss der Polarisierung auf die Einkopplung: Diskonus-Antenne (oben), Hornantenne (unten)

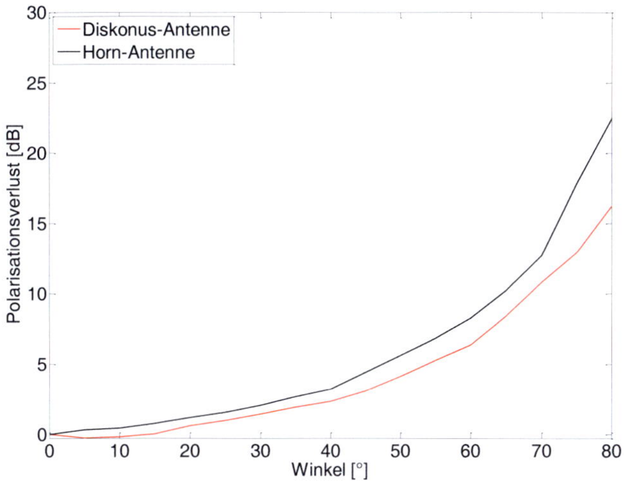

Abbildung 56: Polarisationsverlust (gemittelt über alle Frequenzen)

7.3 Translatorische Verschiebung

Bei der lokalen Feldbeaufschlagung eines Prüflings im Nahfeld einer Antenne hat die Position der Antennen einen großen Einfluss auf den Koppelpfad. Für den Fall, dass der Koppelpfad in Form einer Apertur in einem Schirm klar definiert ist, wird anhand von Messungen der Einfluss einer horizontalen Positionsänderung (y-Richtung, vgl. Abbildung 54) der Sendeantenne bei einem Winkel von 0° vor der Apertur gezeigt. Abbildung 57 zeigt den Koppelpfad über die Frequenz und die Position auf der y-Achse. Wie erwartet, nimmt die Kopplung durch den Schlitz mit zunehmender Entfernung der Antennenmitte von der Aperturmitte ab. Die maximale Auslenkung in y-Richtung beträgt 20 cm, so dass die äußere Kante des Horns sich 3 cm neben der Schlitzkante befindet. In Abbildung 57 ist die Änderung des Übertragungspfades für verschiedene Positionen und die verwendeten Antennentypen gegenübergestellt. Die relative Koppelpfadänderung ist für beide Antennentypen nahezu gleich, wie aus Abbildung 58 ersichtlich ist.

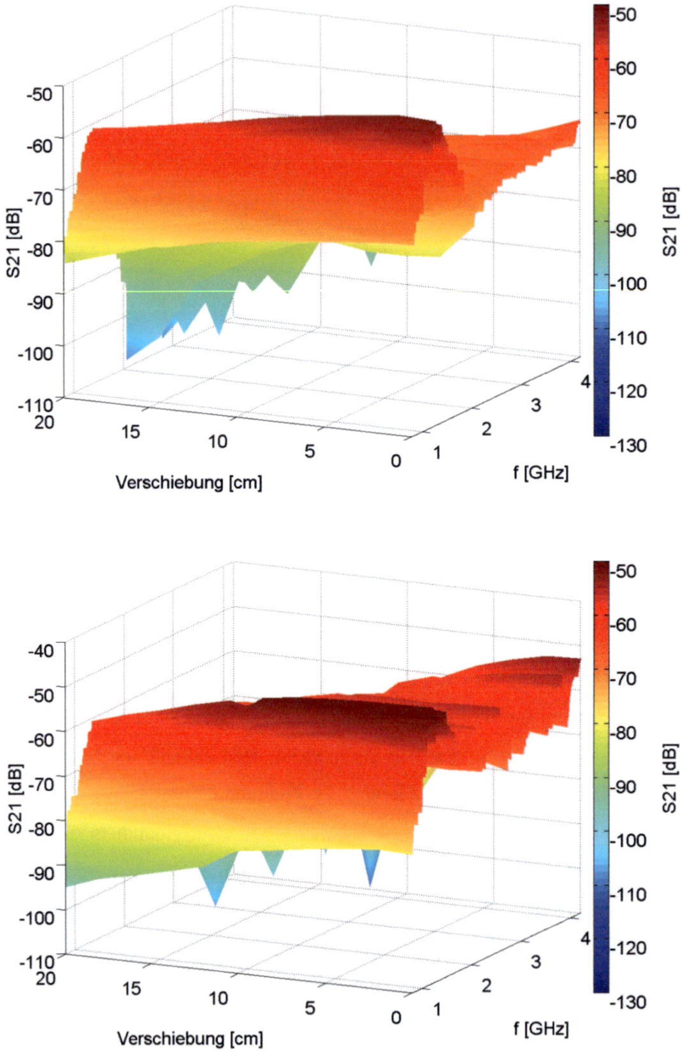

Abbildung 57: Einfluss der horizontalen Verschiebung der Antenne vor der Koppelapertur auf die Einkopplung: Diskonus-Antenne (oben), Hornantenne (unten)

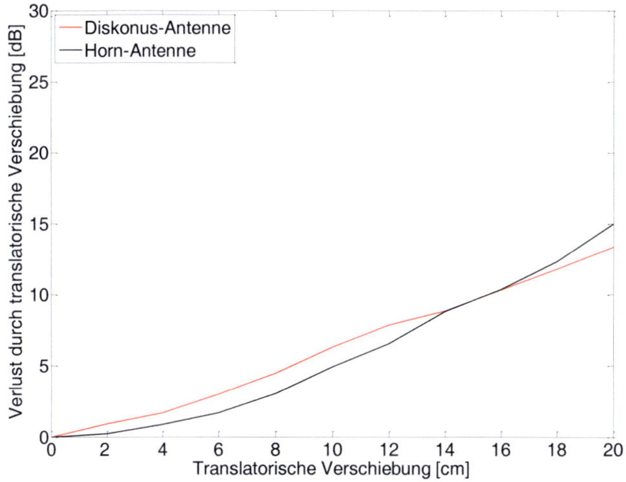

Abbildung 58: Verlust bei translatorischer Verschiebung (gemittelt über alle Frequenzen)

7.4 Fazit

Die für die Durchführung von EMV-Tests erstrebenswerte maximale Feldeinkopplung in ein Schirmgehäuse wird bei mittiger Positionierung der Antenne vor einer den Gehäuseschirm unterbrechenden Apertur und bei einer Polarisation, bei der der elektrische Feldstärkevektor senkrecht zur längsten geometrischen Ausdehnung der Apertur steht, erzielt. Durch eine Rotation der Antenne oder deren translatorische Verschiebung nimmt die Kopplung stets ab. Es zeigt sich, dass eine Änderung in der Polarisation einen größeren Einfluss auf das Koppelverhalten zeigt als eine seitliche Verschiebung der Antenne bis zu einer Position neben der Apertur. Dies ist in Abbildung 59 für beide Antennentypen dargestellt. Hierzu sind die Messungen über den Frequenzbereich gemittelt.

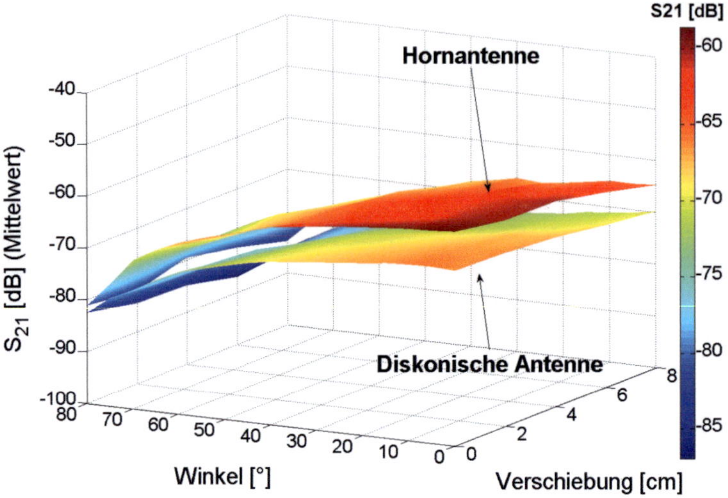

Abbildung 59: Vergleich des Koppelverhaltens bei verschiedenen Antennentypen (über den betrachteten Frequenzbereich von 800 MHz bis 4,2 GHz)

Die gezeigten Effekte müssen bei der lokalen Störbeaufschlagung eines Prüflings im Nahfeld einer Antenne berücksichtigt werden. Jede Diskontinuität im Gehäuse des Prüflings sollte in mehreren Polarisationen beaufschlagt werden, um eine maximale Störeinkopplung sicher zu stellen.

8 Messung des elektrischen Feldes in geschlossenen Schirmgehäusen

Elektronische Systeme sind in der Regel in Gehäusen untergebracht. Neben mechanischen Aufgaben erfüllen diese Gehäuse auch die Funktion eines Schirmes gegen elektromagnetische Felder. Zum einen kann die Störaussendung eines Systems durch ein geeignet ausgelegtes Gehäuse vermindert werden, zum anderen wirkt das Gehäuse als Schirm gegen Störgrößen, die aus der Umgebung auf das System einwirken können. Von besonderem Interesse ist es daher, die feldgebundene Störeinkopplung in Schirmgehäuse zu untersuchen. In den nachfolgenden Abschnitten werden zunächst leere Gehäuse untersucht, die ohne im Gehäuse verbaute Komponenten eine Worst-Case-Situation darstellen, da die eingekoppelte Welle keine Dämpfung durch die Einbauten erfährt und sich so ungehindert ausbreiten kann. Um den Einfluss des elektronischen Systems auf die Feldausbreitung im Inneren des Gehäuses zu untersuchen, wird in Kapitel 9 ein Ethernet-Switch im leeren sowie beladenen Zustand vermessen und die Ergebnisse diskutiert.

Ein Schirmgehäuse wirkt bei hohen Frequenzen, insbesondere dann, wenn die Dimensionen des Gehäuses im Bereich der betrachteten Wellenlänge liegen, wie ein Hohlraumresonator. Die in das Gehäuse eingekoppelten elektromagnetischen Wellen werden an den Gehäusewänden reflektiert, es bilden sich stehende Wellen aus. Diese stehenden Wellen werden als Moden bezeichnet (s. Kapitel 3.3). Um die Moden messtechnisch erfassen zu können, ist es notwendig, ortsaufgelöst im Inneren eines Gehäuses messen zu können. Hierzu muss eine Feldsonde innerhalb des Gehäuses bewegt werden, um die stehenden Wellen möglichst hochaufgelöst aufnehmen zu können. Da ein mechanischer Durchgriff durch die Gehäusewände in der Regel nicht möglich ist, müssen andere Verfahren zur Anwendung kommen. In den folgenden zwei Abschnitten werden zwei Verfahren vorgestellt, die eine hochaufgelöste Messung des elektrischen Feldes im Inneren eines Schirmgehäuses ermöglichen, ohne die Charakteristik des Gehäuses zu verändern.

8.1 Feldscan mit passiven E-Feld-Sonden

In [50] wird ein Verfahren vorgestellt, mit dem es möglich ist, die sich in einem Gehäuse ausbreitenden Moden mit einer passiven E-Feld-Sonde messtechnisch zu erfassen. Ein Sensor wird fest auf einer großen, elektrisch gut leitfähigen Grundplatte montiert, auf die von oben ein Gehäuse aufgesetzt wird. Verwendet wird ein konischer E-Feld-Sensor, der mittig auf einer Kupferplatte positioniert ist. Der Sensor kann parallel zu den Achsen eines kartesischen Koordinatensystems ausgerichtet werden. Die Abmessungen der Kupferplatte sind wesentlich größer als die des auf die Kupferplatte aufgesetzten Schirmgehäuses. Vor der Messwertaufnahme wird das Schirmgehäuse pneumatisch angehoben, die Kupferplatte verfahren und das Schirmgehäuse wieder auf die Kupferplatte aufgepresst. Eine in der Gehäusewand integrierte HF-Dichtung garantiert einen guten elektrischen Kontakt, so dass die Einkopplung in das Gehäuse nur durch die schlitzförmige Apertur an dem Gehäusedeckel stattfindet. Abbildung 60 zeigt den Messaufbau. Das beaufschlagende elektromagnetische Feld wird von einer Hornantenne [23] in 70 cm Höhe über dem Gehäuse abgestrahlt.

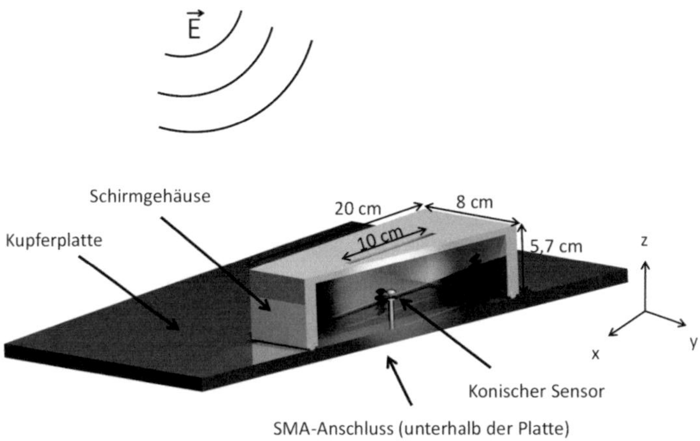

Abbildung 60: Schnittbild des Messaufbaus zur in-Gehäuse-Messung mit passivem Sensor

Die Moden, die sich im Inneren des Gehäuses ausbreiten, lassen sich nach

$$\omega^2 \mu \varepsilon = (\frac{m\pi}{a})^2 + (\frac{n\pi}{b})^2 + (\frac{k\pi}{l})^2 \qquad (8\text{-}1)$$

berechnen [51], wobei a, b und l die Dimensionen des Gehäuses und m, n und k die Modenzahlen sind. Tabelle 5 gibt fünf der möglichen Moden, die sich im Gehäuse ausbreiten können, wieder.

Tabelle 5: Mögliche Moden im Schirmgehäuse

Mode	Frequenz [MHz]
110	2022
120	3826
210	2411
220	4045
310	2946

Da das Gehäuse im Verhältnis zu den betrachteten Wellenlängen nicht sehr groß ist, lässt es sich mit Hilfe der Momentenmethode in einer Simulationsumgebung modellieren. Abbildung 61 zeigt die mit Concept II [52] simulierte maximal im Gehäuse auftretende Feldstärke aufgetragen über die Frequenz. Da die Position der Feldstärkemaxima im Gehäuse von der sich ausbildenden Mode und somit von der anregenden Frequenz abhängt, wird die Feldstärke auf einer Ebene parallel zur Bodenplatte simuliert und ihr Maximum bestimmt. Jedem Peak des berechneten Spektrums lässt sich eine Mode zuordnen. Das Ergebnis stimmt mit denen nach Formel (8-1) berechneten Werten überein.

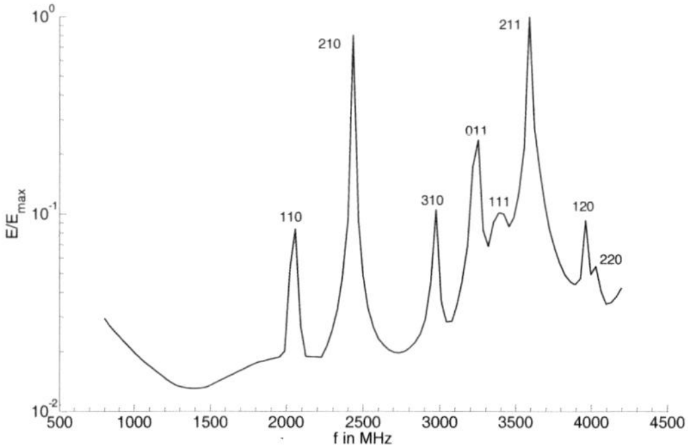

Abbildung 61: Simulation der maximal im Gehäuse auftretenden elektrischen Feldstärke

In Tabelle 6 sind die Messergebnisse der drei ersten Moden den Simulationsergebnissen gegenübergestellt. Die Messergebnisse zeigen eine hohe Übereinstimmung mit den simulierten Daten. Es ist eine Messumgebung geschaffen worden, die es ermöglicht, mit hoher Ortsauflösung das elektrische Feld im Inneren von geschlossenen Gehäusen zu vermessen, ohne die Hochfrequenzeigenschaften des Gehäuses unzulässig zu beeinflussen. Gleichzeitig werden die Grenzen des Verfahrens erkennbar. Aus mechanischen Gründen ist es nicht möglich, beliebig nah an den Gehäusewänden zu messen. Die Simulation gibt hier einen detaillierteren Überblick über den Feldstärkeverlauf in direkter Nähe zu den Wänden.

Tabelle 6: Gegenüberstellung von Messung und Simulation

Mode / Frequenz	Messung	Simulation
110 2,0 GHz	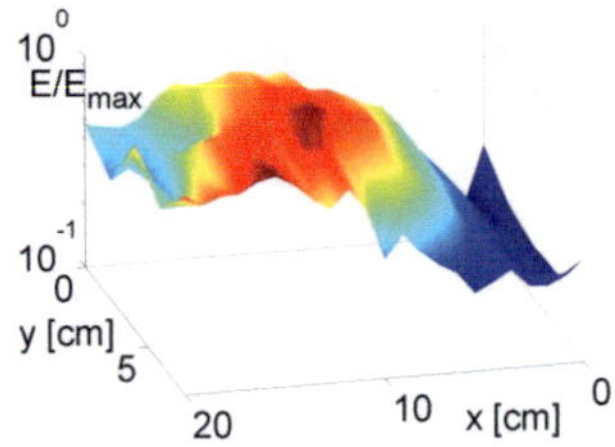	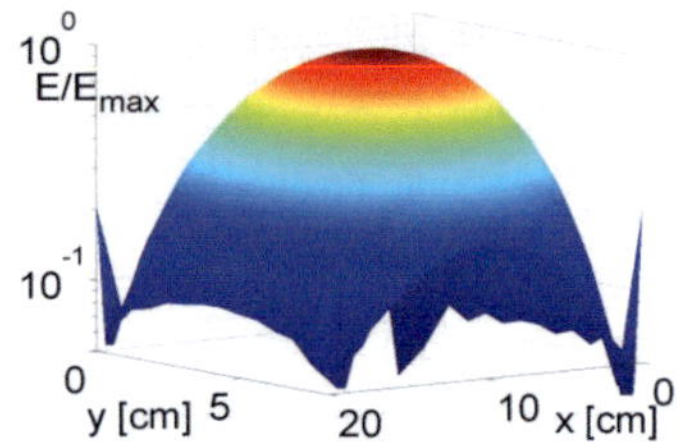
210 2,4 GHz	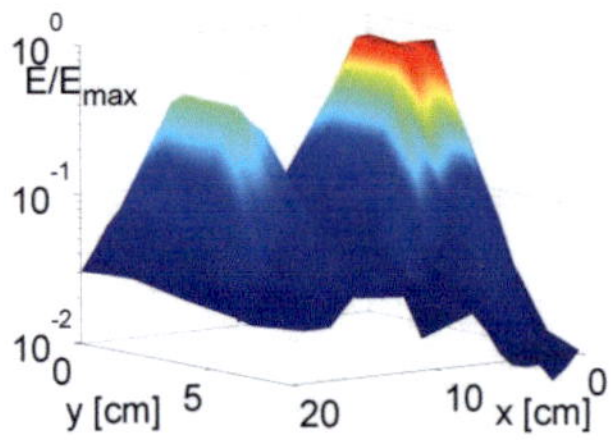	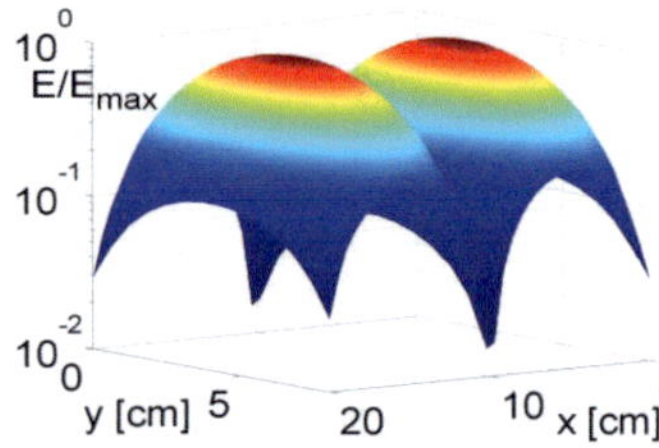
310 2,9 GHz	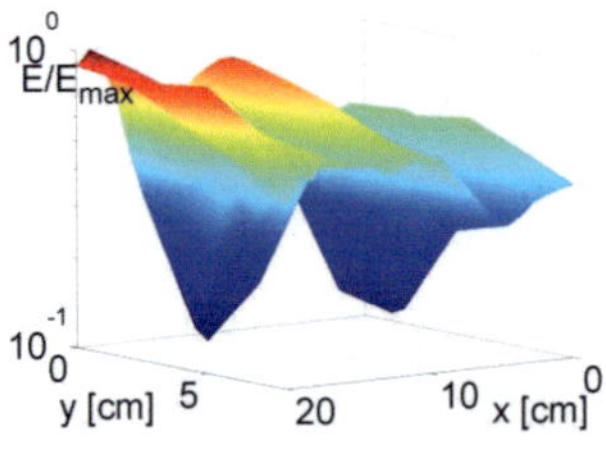	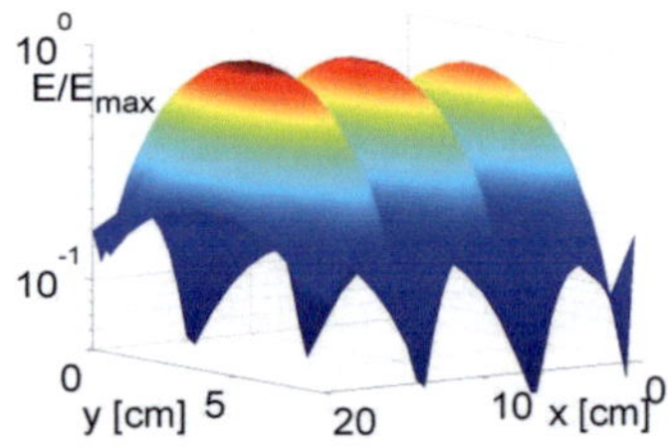
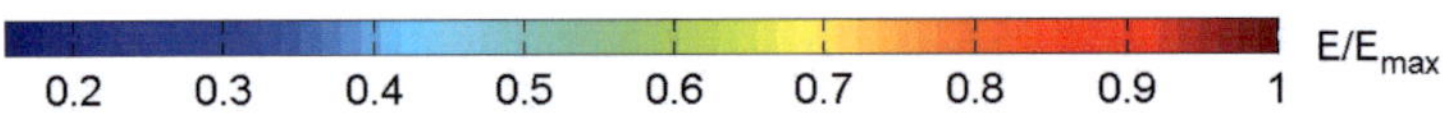		

8.2 Feldscan mit aktiven E-Feld-Sonden

Die Verwendung von passiven Sensoren bringt gewisse Nachteile mit sich. Die durch die Sensoren aufgenommene Energie muss in der Regel über elektrisch leitfähige Verbindungen, meist Koaxialkabel, zum Messaufnehmer geleitet werden. Koaxialkabel, die für hochfrequente Messungen geeignet sind, sind meist relativ starr. Der geringe Biegeradius schränkt die Positionierung des Sensors ein. Zudem wirkt der Kabelschirm als Kurzschluss für das zu vermessende elektrische Feld, welches dadurch verzerrt wird. Zusätzlich ist nur die Messung in einer Raumrichtung zurzeit möglich. Um mehrere Feldkomponenten zu vermessen, müssen die Feldscans daher wiederholt durchgeführt werden.

Mit aktiven E-Feld-Sensoren kann eine Vielzahl der beschriebenen Probleme umgangen werden. Die Sensoren sind im Allgemeinen über Lichtwellenleiter an ein Basisgerät angeschlossen. Dieses Basisgerät versorgt über einen Laser den Sensor und nimmt die optisch-elektrische Wandlung des Messsignals vor. Die Lichtwellenleiter sind in der Regel recht flexibel, so dass Biegeradien im einstelligen cm-Bereich möglich sind. Zudem können die Sensoren mehrachsig ausgeführt werden, so dass mit einem Messdurchlauf das Feld in den drei Raumrichtungen vermessen werden kann.

Der folgende Abschnitt stellt ein Messverfahren vor, das es erlaubt, ortsaufgelöste Messungen der elektrischen Feldstärke innerhalb eines geschlossenen Schirmgehäuses mit einem optisch gekoppelten Sensor durchzuführen, ohne dass eine besondere mechanische Behandlung des Gehäuses nötig ist [53], [54].

In Abbildung 62 ist der schematische Aufbau zur Messung der elektrischen Feldstärke im Innern eines Gehäuses dargestellt. Eine breitbandige Dipolantenne wird von einem Signalgenerator über einen Leistungsverstärker gespeist. Mittels eines über Lichtwellenleiter versorgten und kommunizierenden Feldstärkesensors wird das elektrische Feld innerhalb eines Schirmgehäuses gemessen. Um eine automatische Positionierung des Sensors zu ermöglichen, kommt ein zweiachsiger Positionierer (XY-Scanner) zum Einsatz. Die Ansteuerung des Messequipments sowie des Positionierers wird von einem Steuerrechner übernommen, so dass die Messwertaufnahme automatisch abläuft.

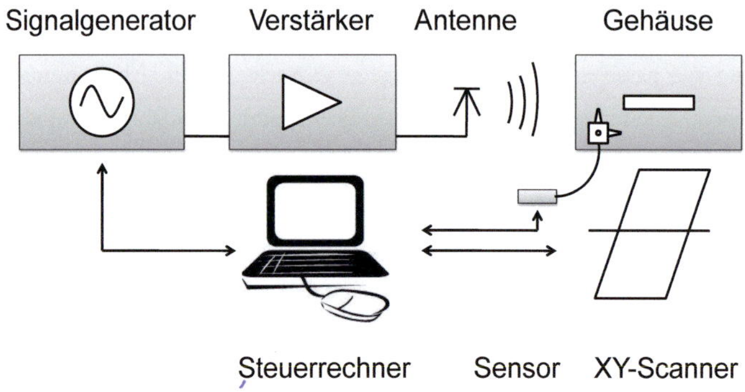

Abbildung 62: Schematischer Messaufbau zur ortsaufgelösten Feldstärkemessung im Inneren eines Gehäuses

Das Schirmgehäuse ist ortsfest über einem Zweiachsroboter (XY-Scanner) montiert. Um die elektrische Feldsonde innerhalb des geschlossenen Gehäuses positionieren zu können, wird eine aus PTFE gefertigte Sensoraufnahme auf die Gehäusebodenplatte gesetzt. Im Boden dieser Sensoraufnahme sind zwei starke Dauermagneten untergebracht. Unter dem Gehäuse wird nun durch den XY-Scanner ein weiterer PTFE-Gleiter bewegt, in dem ebenfalls starke Dauermagnete eingelassen sind. Durch die magnetischen Anziehungskräfte wird die Sensoraufnahme bei Bewegung des unteren PTFE-Gleiters mitgezogen und so die zweidimensionale Positionierung des Sensors ermöglicht (Abbildung 63).

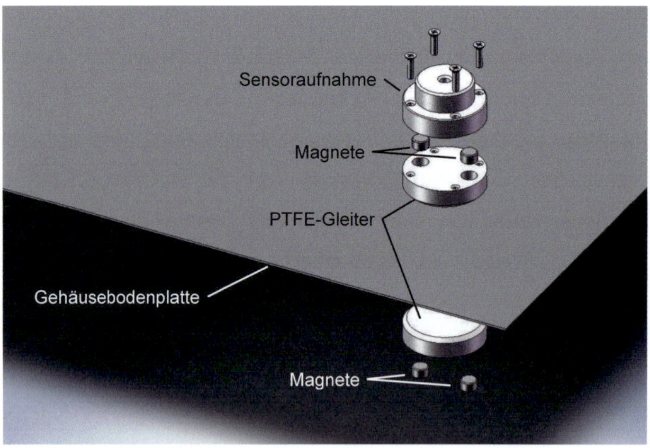

Abbildung 63: Sensoraufnahme (Explosionszeichnung)

Ausgehend von einer ortsaufgelösten Messung ist es möglich, die Schirmwirkung des Gehäuses für verschiedene Punkte zu berechnen:

$$S = 20 \cdot \log_{10}(\frac{E_0}{E_1}) \qquad (8\text{-}2)$$

Die Schirmdämpfung S in dB berechnet sich aus der gemessenen elektrischen Feldstärke E_1 und der elektrischen Feldstärke E_0, die sich in Abwesenheit des Gehäuses einstellt. Abbildung 64 zeigt eine Gegenüberstellung der gemessenen Schirmwirkung des Gehäuses mit der nach dem in Kapitel 4.2 vorgestellten Verfahren berechneten Schirmwirkung des Gehäuses. Die verwendeten Parameter sind Tabelle 7 zu entnehmen.

Tabelle 7: Parameter für die analytische Berechnung der Schirmdämpfung

Parameter	Wert	Erklärung
a	42 cm	Breite des Gehäuses
c	13 cm	Höhe des Gehäuses
d	30 cm	Tiefe des Gehäuses
t	3 mm	Dicke des Gehäuses
p	[1..19] cm	Abstand des betrachteten Punktes zur Stirnseite
b	10 cm	Breite des Schlitzes
w	5 mm	Höhe des Schlitzes

Die Ergebnisse zeigen eine hohe Übereinstimmung, die Abweichung ist für Abstände ≥6 cm von der Apertur kleiner als ±3dB.

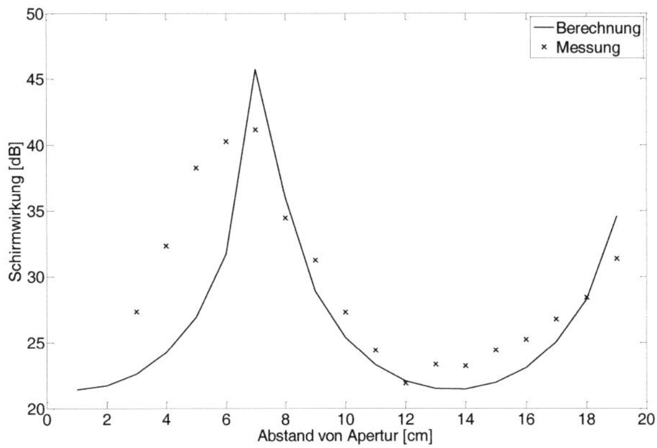

Abbildung 64: Gegenüberstellung von berechneter und gemessener Schirmdämpfung eines Schirmgehäuses bei 800 MHz

8.3 Einkopplung in ein 19"-Schirmgehäuse

In Kapitel 8.2 wurde ein Verfahren zur Messung der ortsaufgelösten Verteilung des elektrischen Feldes im Innern von Schirmgehäusen vorgestellt. Anhand dieses Verfahrens werden Einkoppelmessungen in ein 19"-Schirmgehäuse (Abbildung 65) unter unterschiedlichen Randbedingungen vorgenommen und bewertet. Der Prüfling wird im Nahfeld einer diskonischen Antenne unter Variation der Antennenposition, im Fernfeld (Antennenabstand 1 m), sowie in einer GTEM-Zelle [55] mit einem äußeren elektromagnetischen Feld beaufschlagt und das eingekoppelte elektrische Feld ortsaufgelöst gemessen.

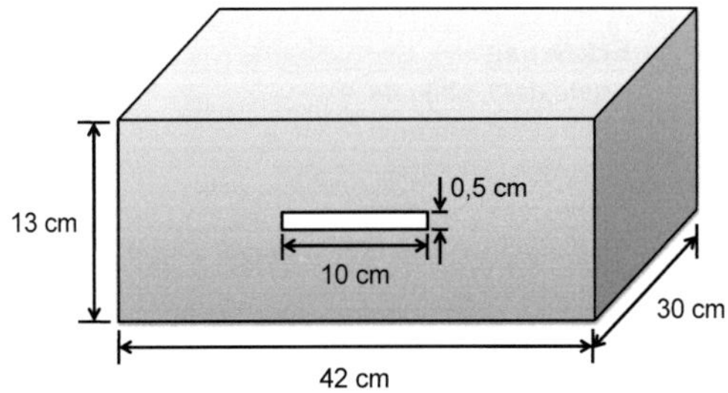

Abbildung 65: Maße des verwendeten Schirmgehäuses

Wie in Kapitel 7 bereits bei der Kopplung durch eine schlitzförmige Apertur gezeigt, ist der Koppelpfad von der Antennenposition vor der Apertur abhängig. Um diesen Effekt auf die Einkopplung in ein Schirmgehäuse zu untersuchen, wird eine diskonische Antenne in 10 cm Abstand vor der Frontplatte des Gehäuses positioniert und schrittweise seitlich aus der Mitte vor der Apertur bewegt. Abbildung 66 zeigt die Auswertung der Messungen (vgl. [56]). Über die Messpositionen ist die über die gescannte Fläche gemittelte elektrische Feldstärke für verschiedene Frequenzen aufgetragen. Da die maximale Einkopplung bei Position 1 erreicht wird, dient diese als Referenz (E_{max}) und die Ergebnisse der anderen Positionen werden dazu in Relation gebracht. Gestrichelt eingezeichnet ist die zu erwartende Verringerung der eingekoppelten Feldstärke, wenn angenommen wird, dass die Feldstärke umgekehrt proportional zum Abstand zur Sendeantenne abnimmt ($E \sim 1/r$).

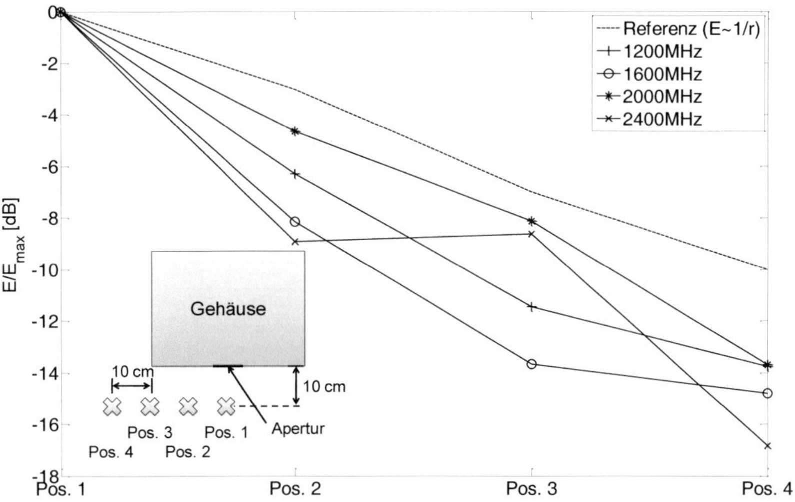

Abbildung 66: Abhängigkeit der Einkopplung in ein 19"-Gehäuse mit Schlitz als Funktion der Position der Sendeantenne

Die Ergebnisse zeigen deutlich die Auswirkungen der lokalen Ausleuchtung von Prüflingen im Nahfeld einer Antenne. Der für diese Messungen konstruierte Fall mit nur einer Apertur als Hauptkoppelpfad eignet sich sehr gut, den Effekt der Antennenposition relativ zum Prüfling aufzuzeigen. Schirmgehäuse komplexer Systeme werden mit Sicherheit eine andere Charakteristik zeigen. Die Kopplung durch Aperturen anderer Geometrien und Dimensionen werden unterschiedliche Frequenzgänge aufweisen, so dass die Einkoppelvorgänge komplizierter werden. Zudem lassen sich die Koppelpfade bei einer Vielzahl von Aperturen nicht mehr unterscheiden. Entscheidend für einen verlässlichen EMV-Test im Nahfeld einer Antenne ist, dass der Prüfling von allen Seiten und für eine Vielzahl von Antennenpositionen beaufschlagt wird. Jede Apertur im Schirmgehäuse muss von dem von der Antenne abgestrahlten elektromagnetischen Feld ausgeleuchtet werden, um die Auswirkungen einer Einkopplung untersuchen zu können. Hinzu kommt die Abhängigkeit der Einkopplung von der Polarisierung des einfallenden Feldes.

Um Störfestigkeitstests im Nah- und Fernfeld einer Antenne vergleichen zu können, wird das 19"-Schirmgehäuse im Nah- und Fernfeld der felderzeugenden Antenne positioniert (10cm und 100cm Abstand), sowie zum Vergleich in eine GTEM-Zelle eingebracht und unter TEM-Bedingungen mit einem elektromagnetischen Feld beaufschlagt. Die Abbildungen 66 bis 68 zeigen exemplarisch die im Gehäuseinneren gemessene Feldverteilung des elektrischen Feldes bei 1,6 GHz. Die Feldbilder liefern in Amplitude und Verteilung nahezu identische Ergebnisse.

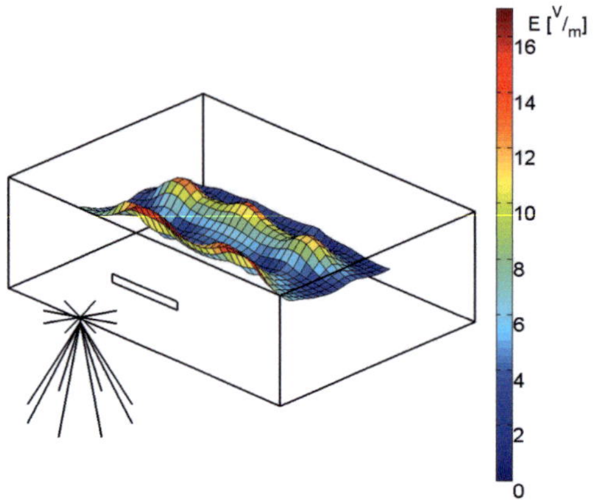

Abbildung 67: Scan der Verteilung des elektrischen Feldes in einer Ebene im 19“-Schirmgehäuse bei 1600 MHz, Beaufschlagung aus 10 cm Abstand

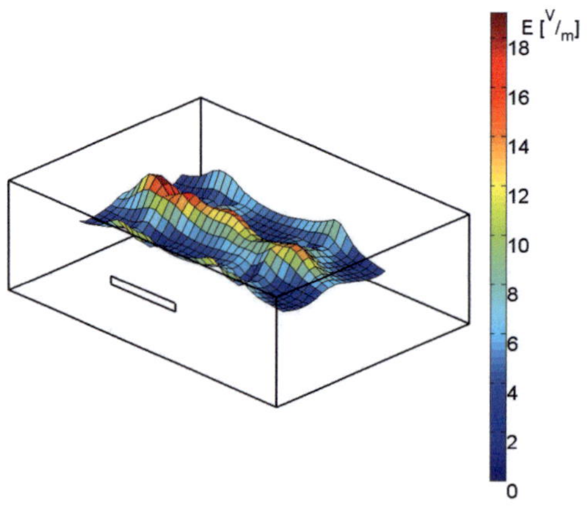

Abbildung 68: Scan der Verteilung des elektrischen Feldes in einer Ebene im 19“-Schirmgehäuse bei 1600 MHz, Beaufschlagung aus 100 cm Abstand

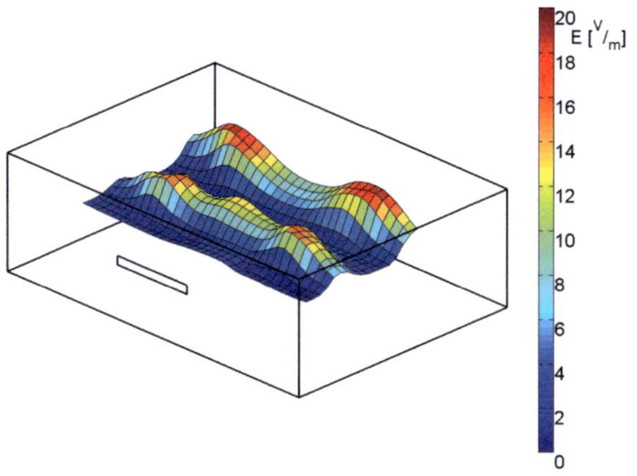

Abbildung 69: Scan der Verteilung des elektrischen Feldes in einer Ebene im 19"-Schirmgehäuse bei 1600 MHz, Beaufschlagung in der GTEM-Zelle

Um die Schirmwirkung des Gehäuses unter den unterschiedlichen Störbeaufschlagungen zu charakterisieren, wird die eingekoppelte elektrische Feldstärke bei verschiedenen Frequenzen gemessen. Aus den Messergebnissen E_m lässt sich mit Hilfe der elektrischen Feldstärke E_0 am Ort des Prüflings in Abwesenheit des Schirmgehäuses nach Formel (8-2) die Schirmwirkung bestimmen. Abbildung 70 zeigt die mittlere Schirmwirkung des Gehäuses in dB. Grundlage hierfür ist die über die Scanebene gemittelte elektrische Feldstärke. Bei 1600 MHz ist bei Beaufschlagung des Gehäuses im Fernfeld der Antenne keine Schirmwirkung zu beobachten. Hier ist die Wellenlänge des einfallenden Feldes etwa doppelt so groß wie die Länge der Apertur, so dass diese in Resonanz gerät, was zu einer hohen Feldeinkopplung führt. Die minimale Schirmwirkung ist in Abbildung 71 dargestellt, hier dient die maximal auftretende elektrische Feldstärke in der vermessenen Ebene als Referenz. Aufgrund von Überlagerungen der im Gehäuse reflektierten Wellen kommt es zur Ausbildung von Feldüberhöhungen, die zu Feldstärken führen, die größer sind als die bei Abwesenheit des Gehäuses auftretenden Feldstärken. Dies resultiert in einer negativen Schirmdämpfung. Unter Gesichtspunkten der EMV ist dieser Effekt zu berücksichtigen, indem hier zum Beispiel die Dimensionen des Gehäuses angepasst werden, um die Ausbildung der Moden in einen anderen Frequenzbereich zu verschieben. Es soll jedoch darauf hingewiesen werden, dass die Ausbildung der Moden durch das Einbringen von Elektronikbaugruppen in das Gehäuse wesentlich beeinflusst wird. Die an dieser Stelle vorgestellten Messungen stellen also eine „Worst-Case"-Situation dar. Gerade bei niedrigen Frequenzen ist eine Abweichung der Schirmwirkung des Gehäuses bei Beaufschlagung im Nahfeld zu beobachten, was durch die Verstimmung der Antenne durch das nahe Gehäuse zu erklären ist.

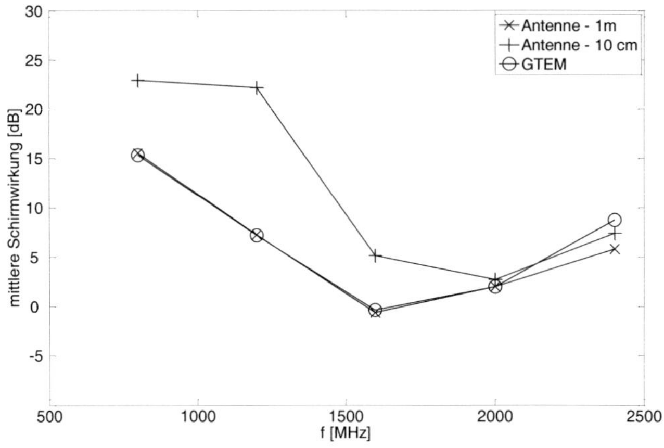

Abbildung 70: Mittlere Schirmwirkung des 19"-Gehäuses

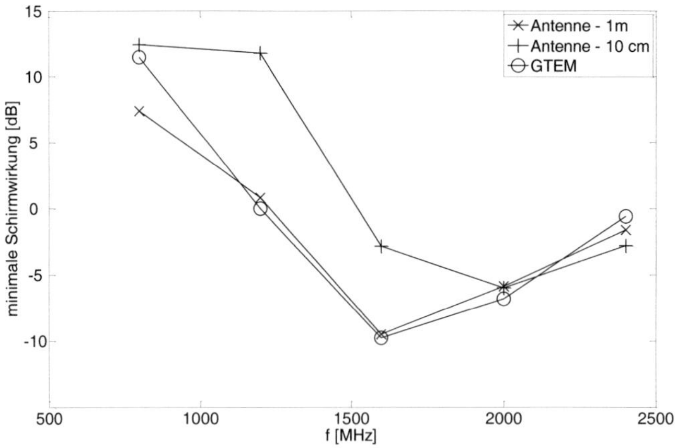

Abbildung 71: minimale Schirmwirkung des 19"-Gehäuses

9 Feldgebundene Störeinkopplung in komplexe elektronische Systeme

Die Störeinkopplung in ein komplexes elektronisches System wird am Beispiel eines kommerziellen Ethernet-Switches untersucht, indem die Einkopplung einer elektromagnetischen Welle in das als Schirm wirkende Gehäuse unter verschiedenen Randbedingungen (im Nah- und Fernfeld der beaufschlagenden Quelle sowie mit und ohne Elektronik im Gehäuse) gemessen und die Resultate mit den Daten einer Simulation nach der Finiten-Integral-Methode verglichen werden. Hierbei gibt die Übertragungsfunktion TF(jω) das frequenzabhängige Verhalten für die unterschiedlichen Szenarien wieder. Sie ergibt sich aus dem Logarithmus des Verhältnisses der elektrischen Feldstärke im Inneren des Gehäuses E_1 zur elektrischen Feldstärke E_0, die sich an derselben Position in Abwesenheit des Gehäuses einstellt:

$$TF(j\omega) = 20 \cdot \log_{10}(\frac{E_1}{E_0}) \qquad (9\text{-}1)$$

Zur Beurteilung der Schirmwirkung S wird das reziproke Verhältnis gebildet, eine hohe Schirmwirkung ist gleichbedeutend mit einer geringen Störeinkopplung.

$$S(j\omega) = 20 \cdot \log_{10}(\frac{E_0}{E_1}) \qquad (9\text{-}2)$$

9.1 Messtechnik

Zur messtechnischen Bestimmung der Schirmdämpfung wird der Switch AT-8326GB [57] in einer GTEM-Zelle [55] unter Fernfeldbedingungen sowie im Nahfeld einer Hornantenne [23] mit einem elektromagnetischen Feld beaufschlagt. Um die Schirmwirkung des Gehäuses zu bestimmen, wird im Anschluss an die Einkoppelmessungen eine Messung des elektrischen Feldes in Abwesenheit des Gehäuses vorgenommen.

Im Inneren des Gehäuses wird die Verteilung des elektrischen Feldes mit der E-Feld-Sonde EFS-105 [58] der Firma Enprobe vermessen. Der Sensor EFS-105, dargestellt in Abbildung 72, ist ein eindimensionaler E-Feld-Sensor, der über Lichtwellenleiter an seine Basisstation angeschlossen wird, die die Energieversorgung des Sensors und die opto-elektrische

Wandlung des Messsignals vornimmt. Durch seine geringen Abmessungen von 6,6 x 6,6 mm^2 Querschnittsfläche ist er sehr gut geeignet, um innerhalb des engen, mit Elektronik bestückten Gehäuses Messdaten aufzunehmen.

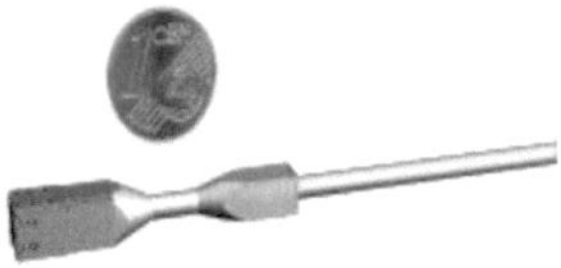

Abbildung 72: 1-d-E-Feldsensor EFS-105 [59]

Abbildung 73 zeigt eine CAD-Skizze und eine Fotografie des verwendeten Switches. Das Gehäuse ist 44 cm breit, 4,4 cm hoch und 25,75 cm tief. An der Gehäusefront, die während der Messungen zur einfallenden Welle hin ausgerichtet ist, sind zahlreiche Öffnungen zu erkennen, in ihnen befinden sich im bestückten Fall die Ethernet-Buchsen sowie die Anschlüsse für Glasfaserkabel und eine 9-polige D-SUB-Buchse. An der rechten Seite sowie im Boden und der Rückwand ist das Gehäuse an einigen Stellen perforiert, um für eine ausreichende Kühlung durch Luftzirkulation im Betrieb zu sorgen. Durch die zahlreichen Öffnungen und Schlitze koppelt die einfallende elektromagnetische Welle in das Innere des Gehäuses ein. Die frequenzabhängige Übertragungsfunktion ist von den Abmessungen der Öffnungen, deren Orientierung sowie Größe und Beladung des Gehäuses abhängig.

Abbildung 73: CAD-Modell und Fotografie des geöffneten Gehäuses des AT8326-Ethernet-Switches

Abbildung 74 zeigt den Messaufbau innerhalb der GTEM-Zelle. Der Switch wird dem von der GTEM-Zelle erzeugten homogenen elektromagnetischen Feld ausgesetzt und die Übertragungsfunktion (S_{21}-Parameter) mit einem Vektornetzwerkanalysator gemessen. Die

Feldsonde wird nach dem Verfahren in Kapitel 8.2 über einen magnetischen Gleiter und ein 2-Achs-Scanner-System im Inneren des Gehäuses verfahren, so dass eine ortsaufgelöste Messung der Feldverteilung möglich ist.

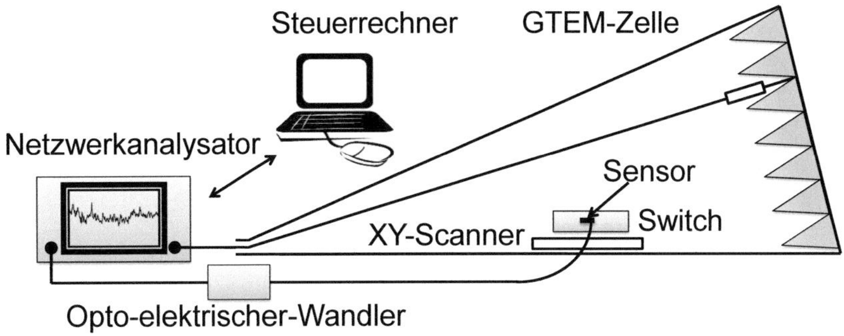

Abbildung 74: Messaufbau in der GTEM-Zelle zur Bestimmung des in ein Ethernet-Switch eingekoppelten elektrischen Feldes

Die geometrischen Vorgaben ermöglichen eine ortsaufgelöste Messung an 68 Messpunkten in einer Ebene von 6x32 cm innerhalb des Gehäuses. Abbildung 75 zeigt den in der GTEM-Zelle aufgenommenen Scan des S_{21}-Parameters in dem leeren Gehäuse bei 867 MHz. Die aufgenommenen Messwerte zeigen eine starke Ortsabhängigkeit der elektrischen Feldstärke innerhalb des Gehäuses, die sich aufgrund der elektromagnetischen Randbedingungen einstellt.

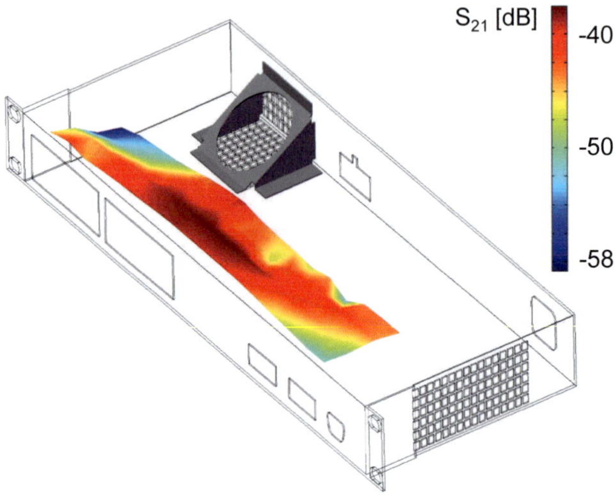

Abbildung 75: Ortsaufgelöste Messung des S_{21}-Parameters in der GTEM-Zelle bei 867 MHz

Bei der Bestimmung der Übertragungsfunktion im Nahfeld einer Hornantenne wird ein Messaufbau ähnlich dem in der GTEM-Zelle verwendet. Das äußere elektromagnetische Feld wird von einer Hornantenne in 10 cm Abstand vor der Frontseite des Ethernet-Switches abgestrahlt. Mit einem Netzwerkanalysator wird die Übertragungsfunktion bestimmt. Der gesamte Aufbau, schematisch in Abbildung 76 dargestellt, befindet sich in einer Absorberhalle.

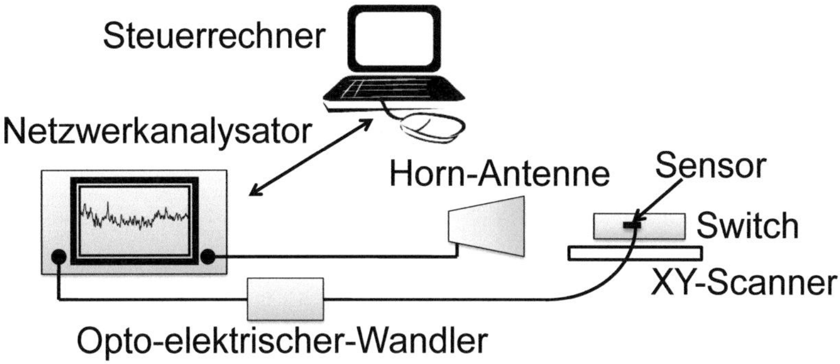

Abbildung 76: Messaufbau zur Bestimmung der Schirmwirkung im Nahfeld einer Antenne

Die Übertragungsfunktion des Switch-Gehäuses lässt sich für beide Fälle direkt aus den Beträgen der komplexen S_{21}-Parameter der Messung in ($S_{21,1}$) und ohne ($S_{21,0}$) Anwesenheit des Switches bestimmen:

$$TF(j\omega) = 20 \cdot \log_{10}\left(\frac{|S_{21,1}|}{|S_{21,0}|}\right) \quad \text{(9-3)}$$

Die Schirmwirkung S ist durch den Logarithmus des reziproken Verhältnisses definiert:

$$S(j\omega) = 20 \cdot \log_{10}\left(\frac{|S_{21,0}|}{|S_{21,1}|}\right) \quad \text{(9-4)}$$

Eine Analyse des Gehäuses unter HPM[15]-Bedingungen ist in [61] veröffentlicht.

[15] HPM: High Power Microwave, elektromagnetische Wellen sehr hoher Energie

9.2 Modenausbreitung im leeren Gehäuse unter Fernfeldbedingungen

Durch die ortsaufgelöste Messwertaufnahme ist es möglich, die sich bei bestimmten Frequenzen im Gehäuse ausbildenden Moden darzustellen. Im leeren, nicht mit Elektronik bestückten Gehäuse, sind die Frequenzen, bei der sich die Moden ausbilden, analytisch zu bestimmen. Das Gehäuse verhält sich in diesem Fall wie ein quaderförmiger Hohlraumresonator (vgl. Formel (3-18)). Sie ergeben sich aus den Dimensionen des Switches, die in Abbildung 77 aufgetragen sind. Die ortsaufgelöste Messung der Moden wurde entlang der x-Achse für y=120 mm durchgeführt.

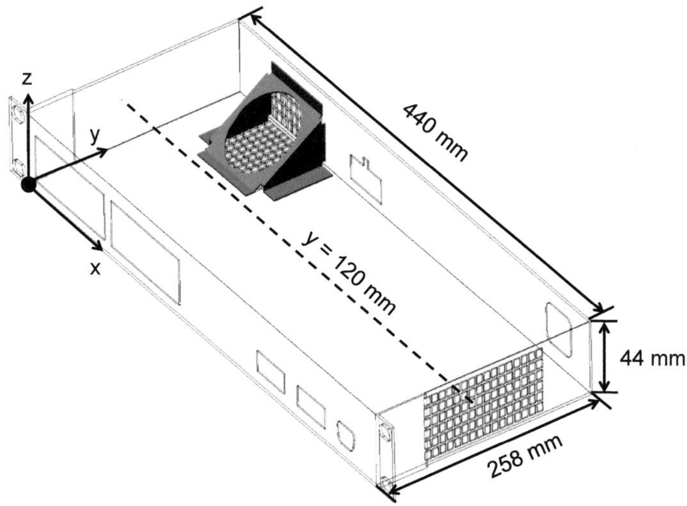

Abbildung 77: Dimensionen des Switch-Gehäuses mit eingezeichneter Positionslinie y=120 mm

Die Abbildungen 76 und 77 zeigen die sich einstellenden 110-, 210- und 310-Moden bei Anregung unter Fernfeldbedingungen.

Abbildung 78 zeigt die in der GTEM-Zelle messtechnisch erfasste Modenausbildung, Abbildung 79 zeigt die bei der Simulation berechnete Ausbreitung. Aufgetragen ist jeweils die Transferfunktion (TF) bei konstanter y-Position über die x-Achse des Gehäuses. Die sich im Gehäuse einstellende elektrische Feldstärke variiert je nach betrachteter Position um bis zu 25 dB.

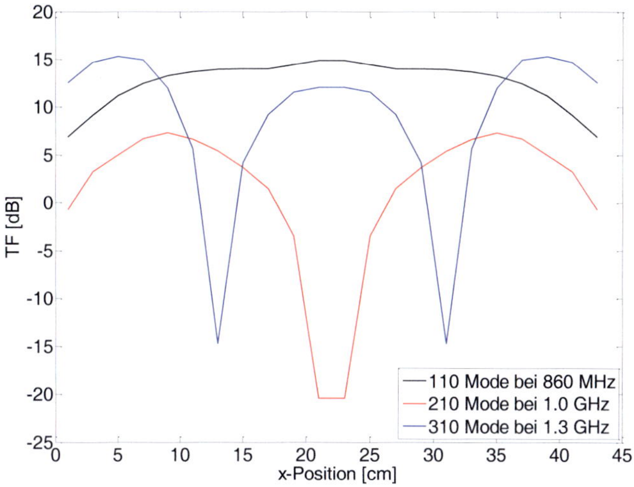

Abbildung 78: Messung der ersten drei Moden bei y =120 mm

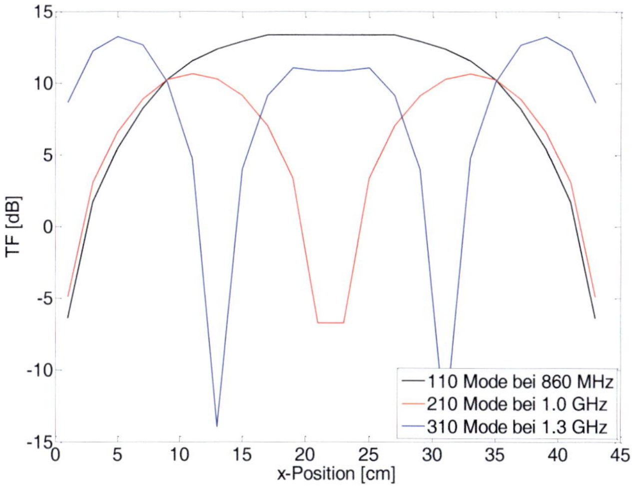

Abbildung 79: Simulation der ersten drei Moden bei y = 120 mm

9.3 Vergleich der Schirmwirkung unter Nah- und Fernfeldbedingungen

Die Messung in An- und Abwesenheit des Gehäuses ermöglicht eine Bestimmung der Schirmwirkung des Gehäuses. Weiter ist es möglich durch die Messungen mit und ohne im Gehäuse untergebrachter Elektronik, den Einfluss der verwendeten Komponenten auf die Güte des als Resonator wirkenden Gehäuses zu bestimmen.

Abbildung 80 und Abbildung 81 zeigen die Schirmwirkung des leeren und des mit Elektronik bestückten Gehäuses für die Störbeaufschlagung im Nahfeld einer Hornantenne und unter Fernfeldbedingungen in der GTEM-Zelle. Die Ergebnisse werden jeweils über sämtliche Messpositionen gemittelt.

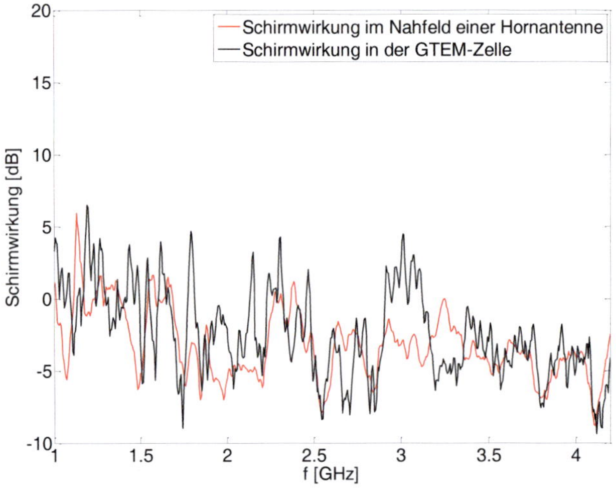

Abbildung 80: Gemessene Schirmwirkung des leeren Gehäuses bei Anregung mit einer Hornantenne (Nahfeldbedingungen) und in der GTEM-Zelle (Fernfeldbedingungen)

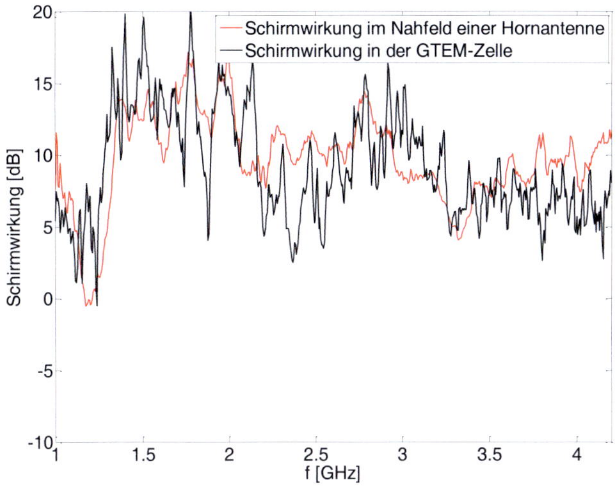

Abbildung 81: Gemessene Schirmwirkung des mit Elektronik bestückten Gehäuses bei Anregung mit einer Hornantenne (Nahfeldbedingungen) und in der GTEM-Zelle (Fernfeldbedingungen)

Es wird ersichtlich, dass die Schirmwirkung unabhängig von der Art der Anregung in der gleichen Größenordnung liegt, es jedoch frequenzabhängig Unterschiede gibt. Es gibt Frequenzbänder, die unter Fernfeldbedingungen eine höhere Schirmwirkung aufweisen als unter Nahfeldbedingungen und umgekehrt. Zurückzuführen ist dies auf die unterschiedliche Ausbildung des elektromagnetischen Feldes. Im Nahfeld der Antenne gibt es Wechselwirkungen des Ethernet-Switches mit der Antenne, die die Abstrahlcharakteristik der Antenne maßgeblich beeinflussen. Hinzu kommt, dass aufgrund der lokalen Anregung bestimmte, für den betrachteten Frequenzbereich charakteristische Koppelpfade weniger stark beaufschlagt werden als bei der homogenen Anregung unter Fernfeldbedingungen.

Einen wesentlich größeren Effekt auf die Schirmwirkung hat die verwendete Elektronik. Diese bedämpft die sich im Gehäuseinneren ausbreitenden Wellen, so dass die Resonatorgüte sinkt und die Schirmwirkung im Mittel um etwa 15 dB steigt (Abbildung 82). In Tabelle 8 sind die mittleren Schirmdämpfungswerte (gemittelt über die Messpositionen und die Frequenz) noch einmal übersichtlich dargestellt.

Tabelle 8: Übersicht über die mittlere Schirmwirkung des Ethernet-Switch-Gehäuses

	Hornantenne	GTEM-Zelle
Mittlere Schirmwirkung mit Elektronik	9,20 dB	10,79 dB
Mittlere Differenz der Schirmwirkung mit/ohne Elektronik	10,67 dB	9,79 dB

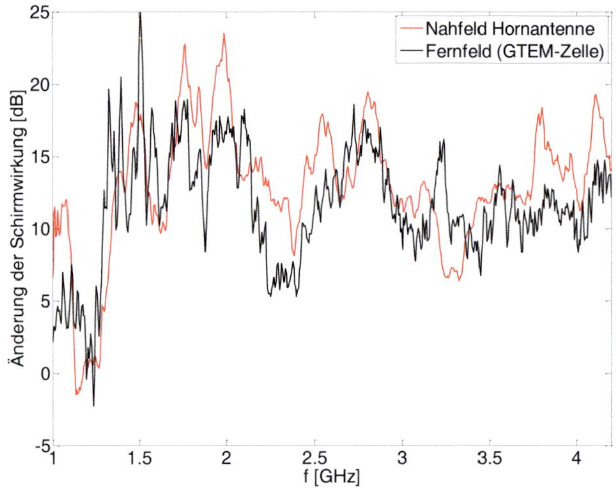

Abbildung 82: Änderung der Schirmwirkung durch die Bestückung des Gehäuses mit der Elektronik

9.4 Gegenüberstellung von Messung und Simulation

Um die gewonnenen Messergebnisse zu verifizieren, ist die Übertragungsfunktion sowohl des leeren als auch des mit Elektronik bestückten Ethernet-Switches simuliert worden. Dabei dient das in Abbildung 73 dargestellte CAD-Modell als Basis für die parallel zu den Messungen durchgeführten Simulationen im CST Microwave Studio ® [60], einer Simulationssoftware, die es ermöglicht, dreidimensionale Feldverläufe elektromagnetischer Felder mit Hilfe der Finiten-Integral-Methode zu berechnen. Simuliert wird die Übertragungsfunktion des Gehäuses an verschieden Punkten im Inneren des Gehäuses. Die Anregung erfolgt durch ein ebenes Wellenfeld, also unter Fernfeldbedingungen. Abbildung 83 stellt eine Draufsicht auf das Gehäuse dar und skizziert zudem den Messbereich im Inneren des Gehäuses bei entfernter Elektronik. Es sind drei Messpunkte explizit hervorgehoben, an denen die Schirmdämpfung des Gehäuses als Frequenzgang für Messung und Simulation in Abbildung 84 bis Abbildung 86 detailliert dargestellt werden. Die Messdaten weisen eine hohe Übereinstimmung mit den simulierten Übertragungsfunktionen auf.

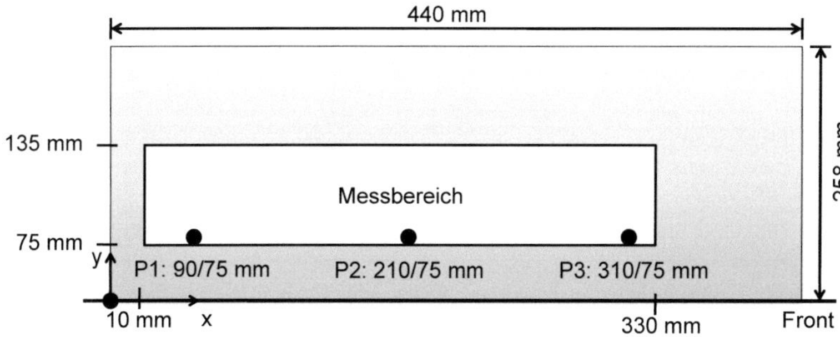

Abbildung 83: Draufsicht auf das Switch-Gehäuse mit den Messpunkten P1, P2 und P3

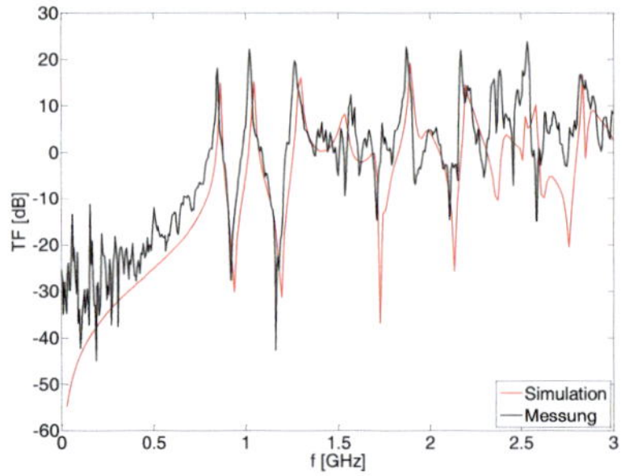

Abbildung 84: Simulierte und in der GTEM-Zelle gemessene Übertragungsfunktion TF(jω) am Punkt 1 (leeres Gehäuse)

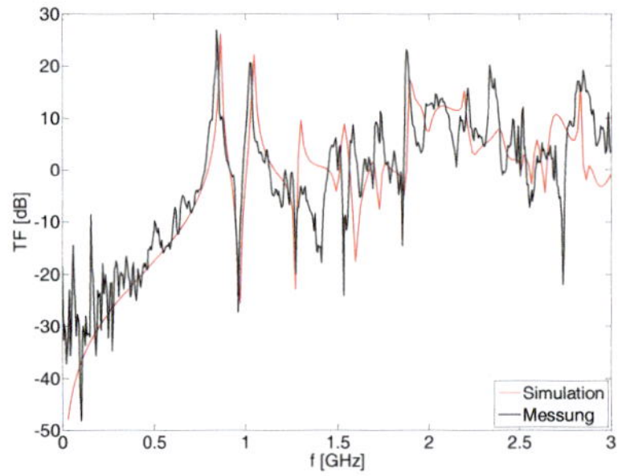

Abbildung 85: Simulierte und in der GTEM-Zelle gemessene Übertragungsfunktion TF(jω) am Punkt 2 (leeres Gehäuse)

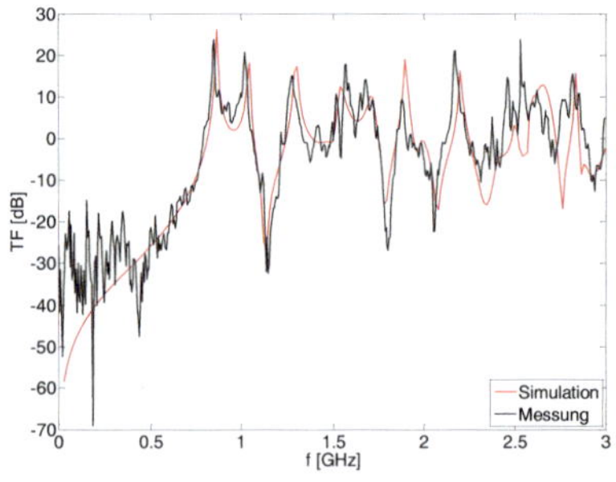

Abbildung 86: Simulierte und in der GTEM-Zelle gemessene Übertragungsfunktion TF(jω) am Punkt 3 (leeres Gehäuse)

Abbildung 87 zeigt den direkten Vergleich der Messung und Simulation der 310-Mode in x-Richtung bei y=120 mm im leeren Gehäuse. Auch hier zeigt sich eine hohe Übereinstimmung zwischen den Messergebnissen und den Daten, die in der Simulation berechnet wurden.

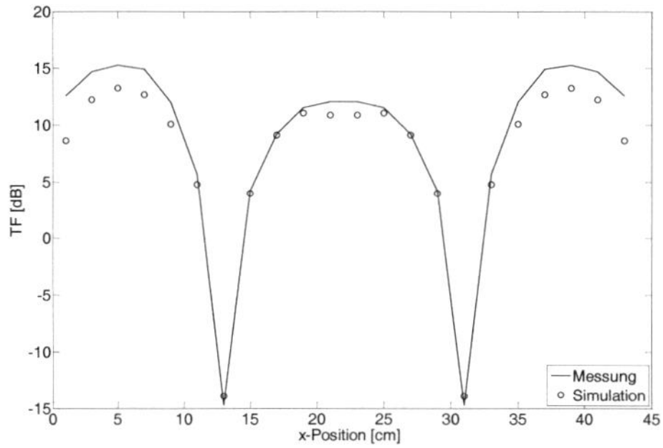

Abbildung 87: Direkter Vergleich Messung und Simulation der 310-Mode bei y = 120 mm

Die Schirmwirkung von komplexen metallischen Strukturen lässt sich sehr gut sowohl durch messtechnische Maßnahmen als auch durch Simulation charakterisieren. Simulationen sollten jedoch immer wenigstens durch stichprobenartige Messungen überprüft werden.

9.5 Grenzen des Simulationsmodells

In vorangegangenen Kapiteln wurde gezeigt, dass sich die elektromagnetischen Eigenschaften leerer Gehäusestrukturen auf hochfrequente Wellen durch geeignete Simulationen erfolgreich berechnen lassen. In Kapitel 9.3 zeigt sich, dass sich die Art der Beladung eines Gehäuses stark auf seine Hochfrequenzeigenschaften auswirkt. Abbildung 88 zeigt das CAD-Modell des mit Elektronik bestückten Gehäuses. Hierbei wird versucht, die vorhandenen Bauteile möglichst realitätsnah abzubilden, indem die Materialeigenschaften gemäß den unterschiedlichen Komponenten (Platinenmaterial aus FR4, Kunststoffteile, Kühlkörper, Kabel, etc.) entsprechend in CST nachgebildet werden. Die elektrischen Kontakte zwischen den Komponenten und dem Gehäuse (z.B. die der Ethernetbuchsen) werden ebenfalls nachgebildet, um die Einkopplung möglichst realitätsnah berechnen zu können.

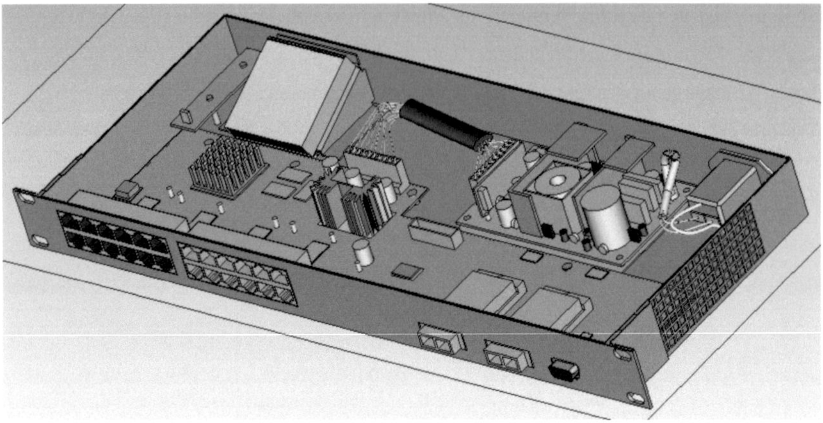

Abbildung 88: CAD-Modell des mit Elektronik bestückten Gehäuses

In den Abbildungen 89 bis 91 sind die Transferfunktionen (TF) (Formel (9-3)) des Gehäuses über die Frequenz für die in Kapitel 9.4 definierten Punkte P1, P2 und P3 sowohl als Ergebnis der Simulation als auch als Messergebnis dargestellt. Betrachtet werden hier die Ergebnisse unter Fernfeldbedingungen, also die Messergebnisse aus der GTEM-Zelle sowie Simulationsdaten bei Beaufschlagung unter TEM-Bedingungen. Es zeigt sich, dass die Ergebnisse Abweichungen bis in den zweistelligen dB-Bereich aufweisen. Es ist demnach nicht gelungen, ein realitätsnahes Simulationsmodell des Ethernet-Switches zu erstellen, auch wenn das Gerät sehr detailliert nachgebildet wurde. Zur genauen Bestimmung der Übertragungseigenschaften ist daher bei so komplexen Systemen, die aus einer Vielzahl von Komponenten unterschiedlicher, teils unbekannter Materialen bestehen, eine Messung der Simulation klar vorzuziehen.

Die Ergebnisse zeigen, wie problematisch und aufwendig die Simulation elektromagnetischer Felder in komplexen Umgebungen ist. Der Simulationsaufwand kann hierbei den Messaufwand um ein Vielfaches übersteigen und die Simulation führt unter Umständen zu einem stark fehlerbehafteten Abbild der realen Bedingungen. Es ist daher immer zwingend erforderlich, EMV-Tests immer unter realen Bedingungen durchzuführen. Eine Simulation kann die Effekte, die die komplexen elektromagnetischen Mechanismen hervorrufen, nur näherungsweise wiedergeben. Fehlabschätzungen sind bei einer reinen Simulationslösung daher nicht auszuschließen.

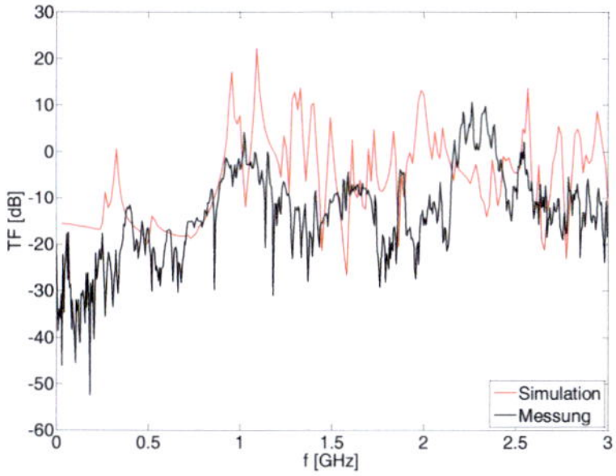

Abbildung 89: Simulierte und in der GTEM-Zelle gemessene Übertragungsfunktion TF(jω) am Punkt 1 (Gehäuse mit Elektronik)

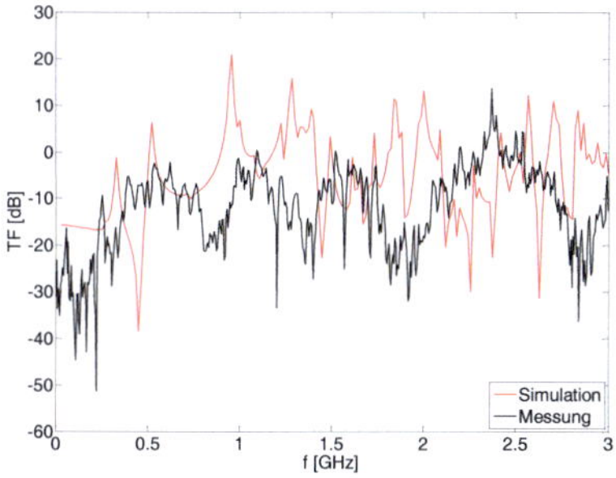

Abbildung 90: Simulierte und in der GTEM-Zelle gemessene Übertragungsfunktion TF(jω) am Punkt 2 (Gehäuse mit Elektronik)

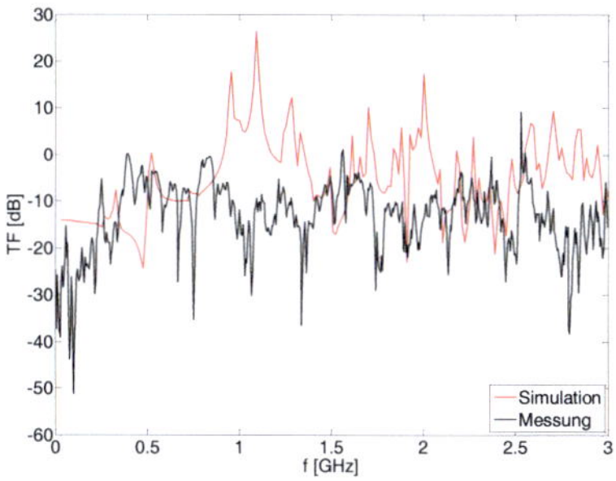

Abbildung 91: Simulierte und in der GTEM-Zelle gemessene Übertragungsfunktion TF(jω) am Punkt 3 (Gehäuse mit Elektronik)

10 Zusammenfassung

Um die EMV von Flugzeugen gegenüber hochfrequenten Störungen, die von tragbaren elektronischen Geräten, beispielsweise Mobiltelefonen oder Notebooks, abgestrahlt werden, sicherzustellen, sind Prüfungen der einzelnen Systeme im Flugzeug auf die Störfestigkeit gegen solche Interferenzen nötig. Gegenstand dieser Arbeit ist es, zunächst die Ausbreitungsbedingungen in einer Flugzeugkabine zu analysieren und zu bewerten. Durch einen direkten Vergleich mit den Ausbreitungsbedingungen im Freifeld ist eine Einschätzung des Einflusses der Flugzeugkabine auf die Ausbreitung elektromagnetischer Wellen innerhalb dieser Kabine möglich. Dadurch kann die Gefährdung, die beispielsweise von Mobiltelefonen im Flugzeug ausgeht, abgeschätzt werden. Mit dieser Kenntnis können die Randbedingungen für EMV-Tests von elektronischen Flugzeugsystemen festgelegt werden.

Ferner werden die bereits in Normen festgelegten Störfestigkeitstests untersucht. Der Schwerpunkt liegt hierbei auf einem Testszenario, das eine Störbeaufschlagung im Nahfeld einer Antenne beinhaltet, um die lokale Ausleuchtung, wie sie durch ein Mobiltelefon hervorgerufen werden kann, nachzubilden. Es wird gezeigt, dass die Bestimmung der von einer Antenne abgestrahlten Leistung mit Schwierigkeiten verbunden ist, wenn sich in unmittelbarer Umgebung der Antenne elektrisch leitfähige Strukturen befinden. Diese führen zum einen zu Reflexionen, die wiederum in die Antenne einkoppeln können und so die zu messende rücklaufende Leistung beeinflussen, zum anderen wird die Eingangsimpedanz der Antenne verstimmt, so dass sich deren Charakteristik ändert. Für die Durchführung von strahlungsgebundenen EMV-Tests im Nahfeld ergeben sich hieraus wichtige Aspekte, die in der zukünftigen Normung Berücksichtigung finden sollten. So ist es nicht möglich, in einer komplexen elektromagnetischen Umgebung die von einer Antenne abgestrahlte Leistung durch einfache Differenzbildung der im Antennenkabel hin- und rücklaufenden Leistung zu bestimmen. Die rücklaufende Leistung ist stark von der Umgebung der Antenne abhängig, es kommt zu frequenz- und geometrieabhängigen Interferenzen. Eine mögliche Lösung ist die vorherige Kalibrierung der Antenne in einer Absorberhalle.

Der Einfluss der Positionierung und Orientierung einer Antenne auf die Transferfunktion einer schlitzförmigen Apertur im Nahfeld dieser Antenne wird messtechnisch untersucht und die Änderung der Einkopplung quantifiziert. Es zeigt sich, dass gerade Prüfaufbauten, die eine lokale Ausleuchtung des Prüflings im Nahfeld einer Antenne nutzen, stark von der Geometrie des Aufbaus abhängig sind. Es ist daher zwingend erforderlich, die Bedingungen für einen

Prüfaufbau so zu formulieren, dass eine maximale Einkopplung in das zu prüfende System sichergestellt ist. Dies ist nur möglich, wenn der Prüfling in mehreren Positionen und unter verschiedenen Polarisationen der Antenne vermessen wird.

Um die Schirmwirkung von Gehäusen komplexer elektronischer Systeme zu untersuchen, werden Messverfahren entwickelt, die eine ortsaufgelöste Messung im Inneren von Schirmgehäusen ermöglichen. Dadurch ist eine Abschätzung der Störfeldstärken innerhalb des Schirmes möglich. Wenn die Charakteristik der Elektronik in den Gehäusen bekannt ist, können auf diese Weise in die Leiterplatte induzierte Störspannungen berechnet werden. Es zeigt sich auch, dass messtechnische Verfahren reinen Simulationslösungen überlegen sind, wenn die Systeme einen gewissen Grad an Komplexität überschreiten.

Die Sicherstellung der elektromagnetischen Verträglichkeit von elektronischen Flugzeugsystemen ist eine komplexe Aufgabe, die von vielen Faktoren beeinflusst wird. Genaue Kenntnisse der Störquellen, der Störausbreitung in der Flugzeugkabine, Kenntnisse über das Koppelverhalten in die Systeme und die Wahl geeigneter Prüfverfahren ermöglichen es, die Zuverlässigkeit der Flugzeugsysteme immer weiter zu verbessern, um auch in der Zukunft, die immer stärker von der Elektronik bestimmt sein wird, einen hohen Sicherheitsstandard zu gewährleisten.

Literaturverzeichnis

[1] Bundesgesetzblatt, Jahrgang 2008. Teil I, Nr.7.
[2] Luftfahrzeug-Elektronik-Betriebs-Verordnung, LuftEBV, 2008.
[3] European Organization for Civil Aviation Equipment (EUROCAE): Environmental conditions and test procedures for airborne equipment ED-14.
[4] Radio Technical Commission for Aeronautics (RTCA, Incorporated): Environmental Conditions and Test Procedures for Airborne Equipment DO-160, 2007.
[5] Luftverkehrsgesetz, 5.8.2010 .
[6] European Organization for Civil Aviation Equipment (EUROCAE): A Guidance for the Use of portable electronic devices (PEDs) on board aircraft, ED130, Malakoff, 2006.
[7] Kaden, H.: Wirbelströme und Schirmung in der Nachrichtentechnik, 2. Auflage, Springer, Berlin [u.a.], 1959.
[8] Blume, S.; Wittich, K.-H.: Theorie elektromagnetischer Felder, 4., durchges. Auflage, Hüthig, Heidelberg, 1994.
[9] Henke, H.: Elektromagnetische Felder, Theorie und Anwendung, 3., erweiterte Auflage, Springer, Berlin, Heidelberg, 2007.
[10] Hippel, A. R. von: Dielectric materials and applications, Artech House Inc., Boston, 1995.
[11] Kark, K. W.: Antennen und Strahlungsfelder, Elektromagnetische Wellen auf Leitungen, im Freiraum und ihre Abstrahlung, 3., erw. Auflage, Vieweg+Teubner Verlag, Wiesbaden, 2010.
[12] Detlefsen, J.; Siart, U.: Grundlagen der Hochfrequenztechnik, 3., aktualisierte und erw. Auflage, Oldenbourg Wissenschaftsverlag, München, 2009.
[13] Heuermann, H.: Hochfrequenztechnik, Komponenten für High-Speed-und Hochfrequenzschaltungen, Vieweg+Teubner Verlag, Wiesbaden, 2005.
[14] Orfanidis, S. J.: Electromagnetic Waves and Antennas, Piscataway, 2008.
[15] Küpfmüller, K.; Mathis, W.; Reibiger, A.: Theoretische Elektrotechnik, Eine Einführung, 16., vollst. neu bearb. und aktualisierte Auflage, Springer, Berlin, 2005.
[16] Zinke, O.; Brunswig, H.; Vlcek, A.: Hochfrequenzfilter, Leitungen, Antennen, 6., neubearb. Auflage, Springer, Berlin, 2000.
[17] Benford, J.; Swegle, J. A.; Schamiloglu, E.: High power microwaves, 2. ed., Taylor & Francis, New York, 2007.
[18] Hillgärtner, M.: Hohlraumresonanzgüte in Modenverwirbelungskammern, Dissertation, Technische Universität Dortmund, Der Andere Verlag, Tönning, 2007.
[19] IEEE Standard Definitions of Terms for Antennas, IEEE Std 145-1993 DOI - 10.1109/IEEESTD.1993.119664 (1993).
[20] Demtröder, W.: Elektrizität und Optik, 3., überarb. und erw. Auflage, korr. Nachdr., Springer, Berlin, 2004, erschienen 2005.
[21] Wolfsperger, H. A.: Elektromagnetische Schirmung, Theorie und Praxisbeispiele, Springer, Berlin, 2008.
[22] Yannopoulou, N. I.; Zimourtopoulos, P. E.; Sarris, E. T.: Broadband radial discone antenna: Design, application and measurements, ArXiv Physics e-prints, 2006.
[23] Schwarzbeck, D.: Schwarzbeck BBHA 9120D Datasheet. URL: http://www.schwarzbeck.de/Datenblatt/9120dman.pdf. Abrufdatum 02.03.2011.
[24] Balanis, C. A.: Antenna theory, Analysis and design, 3. ed., Wiley, Hoboken, 2005.
[25] Schwab, A. J.; Kürner, W.: Elektromagnetische Verträglichkeit, Springer, Berlin, 2011.
[26] Lee, K. S. H.: EMP Interaction. Principles, techniques, and reference data, Revised printing, Taylor & Francis Inc., Washington, 1995.

[27] Okon, E. E.; Harrington, R. F.: The Polarizabilities of Electrically Small Apertures of Arbitrary Shape. Electromagnetic Compatibility, IEEE Transactions on EMC 23, 1981

[28] Reiser, P. G. H.: Untersuchung der Schirmdämpfung bei der Resonanzfrequenz eines Schlitzes, EMV 2008, Düsseldorf, 19.-21. Februar 2008, ISBN 3800730758.

[29] Ott, H. W.: Noise reduction techniques in electronic systems, 2. ed., Wiley, New York, 1988.

[30] White, D. R. J.; Mardiguian, M.: A handbook series on electromagnetic interference and compatibility, Don White Consultants, Gainesville, 1988.

[31] Robinson, M. P.; Benson, T. M.; Christopoulos, C.; Dawson, J. F.; Ganley, M. D.; Marvin, A. C.; Porter, S. J.; Thomas, D. W. P.: Analytical formulation for the shielding effectiveness of enclosures with apertures, IEEE Transactions on Electromagnetic Compatibility 40, 1998.

[32] Robinson, M. P.; Turner, J. D.; Thomas, D. W. P.; Dawson, J. F.; Ganley, M. D.; Marvin, A. C.; Porter, S. J.; Benson, T. M.; Christopoulos, C.: Shielding effectiveness of a rectangular enclosure with a rectangular aperture, Electronics Letters 32, 1996.

[33] Gupta, K. C.: Microstrip lines and slotlines, 2nd. ed., Artech House Inc, Boston, 1996.

[34] Edwards, T.: Foundations for microstrip circuit design, 2nd ed., John Wiley & Sons Ltd., Chichester, West Sussex, England, New York, 1991.

[35] Hikage, T.; Nojima, T.; Omiya, M.; Yamamoto, K.: Numerical analysis of electromagnetic field distributions in a typical aircraft: International Symposium on Electromagnetic Compatibility - EMC Europe, Hamburg, 08.-12. September 2008.

[36] Schwarzbeck Antennas: RS 0460 Bikonus-Rundstrahlantenne 0.4 - 6 GHz. URL: http://www.schwarzbeck.de/artikel.php?lang=1&kat=A. Abrufdatum 10.05.2011.

[37] HI-6105 Electric Field Probe| ETS-Lindgren. URL: http://www.ets-lindgren.com/page/specs.cfm?i=HI-6105. Abrufdatum 21.02.2011.

[38] Stadtler, T.; Eifler, L.; ter Haseborg, J. L.: Double probe near field scanner, a new device for measurements in time domain, IEEE Symposium on Electromagnetic Compatibility 2003, Istanbul, 11.-16. Mai 2003.

[39] Schulte, C.: Entwicklung eines 3-Achsen-Messroboters zur automatisierten Messung elektromagnetischer Felder, Diplomarbeit am Institut für Messtechnik, TU Hamburg-Harburg, Hamburg, 2009.

[40] Dyballa, T.; ter Haseborg, J. L.: EMC Cabin Test Simulation in a Modified Shielded Chamber, ESA Workshop on Aerospace EMC, Florence, 30. Mai – 1. April 2009.

[41] Lance, A. L.: Introduction to microwave theory and measurements, McGraw-Hill, New York, 1964.

[42] Krauthäuser, H. G.: Grundlagen und Anwendungen von Modenverwirbelungskammern, Habilitationsschrift, Universität Magdeburg, Magdeburg, 2007.

[43] Robinson, M. P.; Clegg, J.; Marvin, A. C.: Radio frequency electromagnetic fields in large conducting enclosures: Effects of apertures and human bodies on propagation and field-statistics, IEEE Transactions on Electromagnetic Compatibility, 2006.

[44] Gonschorek, Karl-Heinz: EMV für Geräteentwickler und Systemintegratoren, Springer, Berlin, 2005.

[45] Deutsche Elektrotechnische Kommission im DIN und VDE: DIN EN 61000-4-3.

[46] Radio Technical Commission for Aeronautics (RTCA, Incorporated): Guidance on Allowing Transmitting Portable Electronic Devices (T-PEDs) on Aircraft DO-294, 2006.

[47] Deutsche Elektrotechnische Kommission im DIN und VDE: DIN EN 61000-4-20, 2008.

[48] Föllinger, O.; Kluwe, M.: Laplace-, Fourier- und z-Transformationen, 8., überarb. Auflage, Vde-Verlag, Heidelberg, 2003.

[49] Dyballa, T., ter Haseborg, J. L.: About the influence of the transmitting antenna position to the electric field coupled into a shielding casing. International Wroclaw Symposium and Exhibition on EMC, Wroclaw, 11.-13 Juni 2008.

[50] Dyballa, T.; Haake, K.; Kebel, R.; Stadtler, T.; ter Haseborg, J. L.: Measurement of the local distribution of the electric field coupled into shielding enclosures via apertures, International Symposium on Electromagnetic Compatibility - EMC Europe 2008, Hamburg, 08.-12. September 2008.

[51] Zinke, O.; Brunswig, H.; Vlcek, A.; Hartnagel, H. L.: Hochfrequenzfilter, Leitungen, Antennen, 5., neubearb. Auflage, Springer, Berlin, 1995.

[52] Institut für Theoretische Elektrotechnik der Technischen Universität Hamburg-Harburg: CONCEPT-II. URL: http://www.tet.tu-harburg.de/concept/index.de.html. Abrufdatum 19.05.2011.

[53] Dyballa, T., ter Haseborg, J. L.: Measurement setups to quantify the electric field strength inside shielded enclosures, International Symposium on Electromagnetic Compatibility - EMC Europe 2010, Wroclaw, 13.-17. September 2010.

[54] Dyballa, T., ter Haseborg, J. L.: Investigations of the EM-coupling in the near and far field of a transmitting antenna according to EUROCAE ED-130, IEEE International Symposium on EMC, Fort Lauderdale, 25.-30. Juli 2010.

[55] Betriebsanleitung der GTEM-5317 von ETS-Lindgren®, 2004.

[56] Dyballa, T., ter Haseborg, J. L.: Praktische Umsetzung und Untersuchung von Störfestigkeitstests nach EUROCAE ED-130, EMV 2010, Internationale Fachmesse und Kongress für Elektromagnetische Verträglichkeit, Düsseldorf, 09.-11. März 2010, ISBN 3800732068.

[57] Allied Telesis | AT-8024GB. URL: http://www.alliedtelesis.com/p-1895.html. Abrufdatum 01.03.2011.

[58] Wieland Mann: EFS-105_rev1.0. URL: http://www.enprobe.de/datasheets/EFS-105_datasheet.pdf. Abrufdatum 24.02.2011.

[59] Mann, W.: enprobe - Products - 1D E-Field Probe EFS-105.
URL: http://www.enprobe.de/products1D_EN.htm. Abrufdatum 24.02.2011.

[60] CST MICROWAVE STUDIO - 3D EM simulation software.
URL: http://www.cst.com/Content/Products/MWS/Overview.aspx. Abrufdatum 23.05.2011.

[61] Brauer, F., Kanyou Nana, R., ter Haseborg, J. L., Dickmann, S.: Ermittlung von Transferfunktionen zur Abschätzung der HPEM-Empfindlichkeit eines IT-Testsystems, EMV 2010, Internationale Fachmesse und Kongress für Elektromagnetische Verträglichkeit, Düsseldorf, 09.-11. März 2010, ISBN 3800732068.

Abbildungsverzeichnis

Tabellenverzeichnis

Lebenslauf

Name	Dyballa
Vorname	Tobias
Geburtsdatum	13.06.1980
Geburtsort, -land	Hamburg, Deutschland
08.1987 – 06.1991	Grundschule in Bargteheide
08.1991 – 06.2000	Gymnasium in Bargteheide
08.2000 – 06.2001	Zivildienst
10.2001 – 04.2007	Studium an der TU Hamburg-Harburg Abschluss: Dipl.-Ing.
05.2007 – 04.2011	Wissenschaftlicher Mitarbeiter am Institut für Messtechnik und EMV der Technischen Universität Hamburg-Harburg
seit 06.2011	Ingenieur bei Philips Healthcare